自然的纪实　地理的集锦

游览最美中国　从这里出发

刘兴诗 © 著

长江出版传媒 | 长江少年儿童出版社

目录

contents

微山湖上静悄悄…… 010
水泊梁山兴衰记…… 013
青岛雾牛传奇…… 016
蓬莱空中楼阁…… 019
“中国好望角”成山头…… 022
常林钻石的故事…… 024
黄河口的火山…… 027
似烟似雾的江南梅雨…… 029
江南的春天…… 031
长江的尾巴…… 034
松江四鳃鲈鱼…… 036
吴山点点愁…… 038

乌衣巷里燕归来…… 041
雨花石的来历…… 043
南京身边的火山…… 045
正是河豚欲上时…… 047
瓜洲古渡头…… 049
活化石银杏…… 052
古徐州的猜想…… 054
西湖美…… 056
飞来峰的传说…… 059
虎跑泉的故事…… 062
话说钱塘潮…… 064
潮水的信用…… 067
失信的潮水…… 069
莫干山剪影…… 072
桃花流水鳜鱼肥…… 074
普陀山的传说…… 076
水胡同象山港…… 078
来自舟山渔场的消息…… 080
喧闹的渔场…… 082
千岛湖之秋…… 085
雁落山顶芦花荡…… 088
南北分界线——淮河…… 090
巍巍黄山松…… 093
擎天一柱天柱山…… 095
石钟山的钟声…… 098

目录

contents

庐山冰川大辩论…………………………………… 100
鄱阳湖咏叹调…………………………………… 104
水边隐士长脚鹭鸶先生……………………………… 107
高岭土的传说…………………………………… 110
“红色荒漠”印象记………………………………… 112
小小蜜橘的诱惑………………………………… 115
石头舞蹈家……………………………………… 117
盼望团圆的半屏山……………………………… 120
长胡子的“青蛙”………………………………… 122
一线天奇观……………………………………… 124
万木林的启发…………………………………… 126
鼓浪屿之歌……………………………………… 129
“凌波仙子”水仙花………………………………… 132
漳浦“黄金海岸”………………………………… 134
福建海边“穿堂风”……………………………… 137
乌龙茶的传说…………………………………… 139
女王头奇观……………………………………… 141
冬天到基隆来看雨……………………………… 144
台北的“火圈”…………………………………… 147
旗津的夕阳……………………………………… 149
荒凉的“月世界”………………………………… 152

开玩笑的冒牌“火山”……154
清水大断崖……156
太鲁阁大理石峡谷……159
日月潭之恋……162
“9.21”，台湾的阵痛……164
幽谷里的“飞的花”……166
小野柳奇观……168
台湾岛的黑鼻子……170
南湾随想……173
台湾的“沙漠”……176
船帆石掠影……178
外婆的澎湖湾……181
海上恶魔台风……184
红艳艳的兰屿……187
雅美族的“飞鱼季”……189
呼唤钓鱼岛……191

安全网绳长有海贝
请勿触摸 容易划伤

东海海滨，浙江舟山嵊泗列岛。（张芬耀 /FOTOE）

微山湖上静悄悄

“西边的太阳快要落山了，微山湖上静悄悄。弹起我心爱的土琵琶，唱起那动人的歌谣……”

听，这支歌曲多么熟悉呀！

这是电影《铁道游击队》的主题歌。勇敢的铁道游击队员谁不知晓？他们大多原本就是微山湖附近的铁道工人，对火车和这一带的地形都很熟悉，在这里神出鬼没打击敌人，建立了不朽功勋。

微山湖真美啊！弹起土琵琶放声歌唱吧。夕阳挨着远山慢慢沉下去，

落日微山湖。微山湖湿地，位于苏鲁豫皖交界处，是中国典型的温带湿地生态系统。（洪晓东 /CFP）

映照着湖上微微动荡的波浪，闪烁着星星点点亮光，好像铺了一道长长的闪光毯子。周围一片静悄悄，洋溢着浓浓的诗情画意。

春天来看微山湖，湖边野花开放了，到处都飘散着醉人的花香。春来了，一群群候鸟飞来了，水底的鱼儿似乎也多了，好一派雁飞鱼跃的生动景象。

秋天来看微山湖，低低的湖岸映衬着满树的红叶黄叶。在这个秋意正浓的季节，湖水似乎也“瘦”了许多。在一阵阵秋风吹拂下，湖边芦苇萧萧瑟瑟，轻轻响起了秋的悲歌。湖上的渔船和水鸟明显减少了，显得有些冷冷清清。

冬天来看微山湖，天气已经很冷了。空中飘洒着片片飞雪，偶尔瞧见一只孤零零的小渔船静静往前划，船篷上也堆满了白雪，透着无限寒意。

最好请你夏天来看微山湖，这是它最辉煌的季节。看呀，这时候的湖面变得很宽很宽，似乎一眼望不到边。说来也奇怪，它虽然很宽，却依旧很浅很浅。湖边散布着大片大片青青的芦苇林，迎风奏出欢快的奏鸣曲。加上湖心成千上万亩荷花开放，空气里也浸透了清新的荷香。一群群张开翅膀飞的水鸟在头顶盘旋，一只只收起翅膀游的水鸟在荷花丛里四处乱钻。弹起你的土琵琶，唱一支采莲曲，该有多么舒畅。

翻开地图看，山东省西南部有一连串湖泊，它们排列成一条直线，好像训练有素的士兵。从北向南依次是南阳湖、独山湖、昭阳湖、微山湖，人们习惯把它们叫做鲁南四湖，好像一串糖葫芦。由于微山湖比其他三个湖大，当地又习惯把它们统称为微山湖。

这个湖群坐落在黄河和黄河故道之间的黄泛平原上，地势非常平缓，只有一些低矮的丘冈散布在中间。周围有 47 条来自山东、江苏、河南、安徽四省的河流流进来，又有 11 条河流流出去。它属于淮河流域的泗河水系，随着季节变化，水量变化很大。

鲁南四湖很长很长，好像一条长长的水胡同。南北全长 120 千米，东西最宽处达 25 千米，周长 306 千米，水域面积为 1266 平方千米，平均水深 1.5 米，雨季水最深可达 3 米，平常蓄水量 17.3 亿立方米，洪水期蓄水量最大可达 47.31 亿立方米，流域面积 31700 平方千米。

长条形的鲁南四湖并不是一样宽，最窄的地方正好在其中部，叫做湖腰。为了调节水量，便于船只航行，1960 年人们在湖腰修建了一道拦湖大坝，把全湖一分为二，还建成了水量节制闸和船闸。北边是上湖，面积 602 平方千米；南边是下湖，面积 664 平方千米。

这个湖群北边挨着济宁市，南边靠近大名鼎鼎的徐州。京杭大运河就利用这一串天然湖泊，干脆从中通过，节省了许多工程。

为什么鲁南四湖排列得这样整齐？这和地质构造有关系。原来这里有一条北北西—南南东向的断层，地壳顺着断裂带陷落，就积水生成了鲁南四湖。这种湖泊叫做断陷湖。中国的断陷湖很多，许多大湖都和断裂构造有关系。

鲁南四湖是我国北方最大的淡水湖，对发展当地经济、调节区域气候有重要作用。湖区不仅盛产鱼虾，还有许多芦苇、莲蓬，湖滨农作物不仅有北方传统的小麦、玉米、大豆、棉花，还有水稻，是有名的鱼米之乡，号称“鲁南明珠”。

知识点

1. 南阳湖、独山湖、昭阳湖、微山湖是鲁南四湖。
2. 在鲁南四湖中，微山湖最大。
3. 鲁南四湖沿着一条断层排列，是断陷湖。
4. 鲁南四湖是北方最大的淡水湖。
5. 鲁南四湖是水鸟聚集的地方。
6. 京杭大运河穿过鲁南四湖。

水泊梁山兴衰记

读过《水浒传》的孩子，谁不知道梁山泊，不想到那里去看看小说中描写的巍峨的山冈和迷迷茫茫的芦花荡？想不到来到这里一看，一下子就傻眼了。

看吧，高高的山冈依旧显露出昔日的雄风，山下的水泊却没有一丁点影子了。

来访的人们有些纳闷，是不是走错了地方？

是不是写《水浒传》的施耐庵老先生故弄玄虚？这里只有梁山，压根就没有什么水泊。

都不是的。这里就是小说中描写的地方。古时候这里有梁山，也有宽阔的水泊。据说当年宋江真的带领了一帮好汉，在这里修筑山寨，雄霸一方，周围的官军谁也不敢去碰一下。

梁山很高吗？

不，它的主峰虎头峰海拔只有 197 米。虽然山不高，地势却很险峻。加上当时遍山都是黑沉沉的树林，看起来更加雄伟。

人们喜欢《水浒传》里的英雄好汉，编了许多有声有色的故事。传说黑旋风李逵把守的黑风口，就是进山的一个险要隘口。

古时候，山下的水泊很大吗？

是的，这里曾经是古代的大野泽的一部分，又叫蓼儿洼。五代时期黄河接连几次在附近决口泛滥，使水面越来越大。后晋出帝天福九年（公元

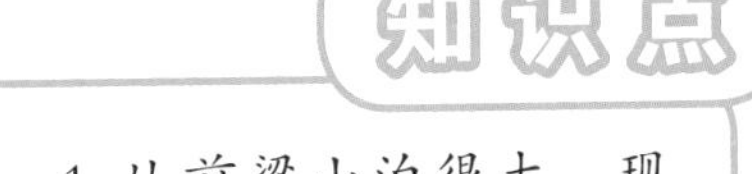

1. 从前梁山泊很大，现在已经消失了。

2. 梁山泊的形成和黄河泛滥有关系，它的消失和黄河改道有关。

山东省梁山县梁山寨。梁山由虎头峰、雪山峰、郝山峰、青龙峰四大主峰和骑山、黄山、狗头山等七座支峰组成。（董力男 /FOTOE）

944 年）6 月的一次黄河决口，滚滚洪水灌进梁山泊，使它变得越来越大，形成一个环绕梁山的大湖。湖边长满芦花，水上港汊地形十分复杂，形势易守难攻，是绿林好汉藏身的好地方。

梁山泊不仅地势险要，也是交通要道。这里距离今天的河南开封不远。开封古称汴梁，做过五代几个小朝廷和北宋的都城。

由于要通过水路，从富饶的江南运送粮食和其他货物到开封，这里就成了必经之道。梁山好汉选择在这里安营扎寨，紧紧扼住这条重要的水上运输线的脖子，真是再好也没有了。

那时候的梁山泊真大啊。北宋神宗年间，大臣韩琦乘坐官船经过这里的时候，瞧见眼前一派烟波浩渺的水泊风光，不禁随口吟了一首诗，描述道："巨泽渺无际，齐船度日撑。"说的是他坐的大船咿咿呀呀划了一整天，也望不到边，可见那时候的梁山泊有多大。

他在湖上还瞧见许多渔船、水鸟、荷花、蒲草和芦苇遮掩的港汊。由此可见《水浒传》里的英雄好汉们在山上的时候，这里不仅风光美丽，自然形势也和小说里描写的一模一样。那时候，阮氏三雄划着小小的渔船，藏身在芦花荡里，神出鬼没袭击敌人。被打得焦头烂额的敌人怎么可能发现他们的踪迹？

当年那样大的水泊，怎么一下子就消失得无影无踪了呢？

这也和黄河有关系。

时间慢慢推移到南宋孝宗淳熙年间（公元 1174 年—1189 年），黄河一下子改道了，不再从梁山泊附近经过，改在今天的江苏省北部入海。黄河搬家了，再也没有水漫溢到这里。梁山泊断绝了水源，逐渐变得越来越小，终于完全消失，淤积成了一片平地。真是成也黄河，败也黄河。

黄河啊，有过错，也有不小的功劳。

青岛雾牛传奇

春天来了，青岛海上一片雾气迷茫，看不见近在咫尺的海岸，不知道港口的方向。进出这个北方大港的船只特别多，水手不得不小心翼翼地放慢速度行驶，生怕一不留神发生碰撞，造成不幸的事故。

正在这个时候，雾气里忽然传出一个奇怪声音。

哞、哞、哞……

听呀，活像一头老牛躲在雾里不停吼叫。声音非常低沉，一声声拖得很长，在雾海上散发得很远，发出闷沉沉的回响，打破了海上的沉寂。

哞、哞、哞……

那个看不见的怪牛还在吼叫，远远近近所有的船只都听见了。有经验的船长立刻指挥船只朝着牛叫的方向驶去，那里就是藏在胶州湾里的青岛港。

哞、哞、哞……

海上所有的水手都听见它的叫声了，不由得放下了悬挂在嗓子眼上的心，露出了轻松的笑容。

哞、哞、哞……

听到这个声音，海上和岸上的人们都放心了。有了它的指引，船只就能顺着声音传来的方向航行，可以保证平安无事。

哞、哞、哞……

那头忠实的老牛还在不停叫着。人们只听得见它的声音，看不见它的身影，更加增添了无限神秘的气息。

哞、哞、哞……

这是向人们报平安的叫声呀。海上和岸上的人们都感谢它，禁不住在

俯瞰青岛港。（Archer/FOTOE）

心头念叨："谢谢你，雾牛。你是我们最好的朋友，是海上航行的保护神。"

青岛是多雾的海滨城市，每年从 3 月到 7 月，几乎整个春季和夏季，海雾经常笼罩着整个城市和港湾，被称为东方的"夏季雾都"。

据统计，青岛每年的雾日超过 50 天，是我国沿海有名的"雾港"。由于这里是北方最重要的大港，来往船只繁忙，在有雾的天气里，很容易造成海损事故。

1976 年 4 月，青岛的胶州湾内连续 4 天大雾，导致三艘货轮撞上同一块礁石搁浅，造成很大的损失。为了避免海雾造成事故，在雾海上正确导航，20 世纪初，人们参照火车汽笛的原理，设计了一个奇怪的发声导航装置，做成一头特殊的铜牛，放在青岛市西南角，紧挨着胶州湾海岸。只要海上起了雾，它就能自动发声，报告港口的位置，给来往船只带来很大的方便。

不知内情的人们不明白，铜牛怎么会叫呢？原来这是一个做成牛形的电动雾笛，里面安装着一个大功率的电喇叭，雾笛响声可以传送 5 海里，回响在整个青岛市区和胶州湾内外。

古老的青岛雾牛，早已完成了它的历史使命。1954 年，人们在胶州湾的团岛灯塔上，安装了一个功率更大的电雾笛。这是一个正对着进出港口航道的大功率电喇叭，有雾的时候每半分钟鸣叫 4 次，5 海里外都可以听见，直到海上能见度大于 2 海里的时候才停止，给雾海上的安全航行提供了更好的保障。

话说到这里，还得说一下，为什么青岛附近的海雾这样多？

这是海上平流雾造成的。平流雾是冷、暖洋流交汇，或者冷、暖空气经过不同温度的海区时，引起水汽凝结而造成的雾气。夏季的东南风携带来大量水汽，底部和冷海面接触，很容易冷却至露点，凝成细小的水滴，形成海上的平流雾。

知识点

1. 青岛春季和夏季多雾，是有名的东方“夏季雾都”。

2. 为了在雾海上导航，从前人们制造了一头特殊的“雾牛”，可以报告港口位置。

3. 现在人们在灯塔上安装了功率更大的电喇叭，代替古老的“雾牛”。

4. 青岛的海雾主要是冷、暖空气交汇形成的平流雾。

蓬莱空中楼阁

山东蓬莱海边常常可以瞧见一个稀奇景象。运气好的时候抬头向远处看，可以瞧见贴近海面的空中，悬浮着几座小岛，清清楚楚排列着整齐的城墙、茂密的树林和高高低低亭台楼阁的影子，形象栩栩如生，活像是真的。可是当人们划着船去寻找，却永远也划不到那里。空中景象很快就消失了，使人感到无限迷惑和怅惘。

请问，那是什么地方?

传说那是遥远海上的三座仙岛，浮沉在波涛里可望而不可即。那里四季如春，遍地鲜花开放，是人间从未见过的仙境。居住在那里的神仙有长生不老药，永远健康快乐，没有任何忧愁和烦恼。

蓬莱仙岛的故事越传越远，一直传到了秦始皇的耳朵里。他虽然统一六国，做了“千古一帝”，谁见了他都害怕得发抖，可是他的内心深处却隐藏着一个难言的苦恼——十分害怕死亡。他巡游四方来到这里，亲眼瞧见了浮沉在海上的仙岛的影子，完全相信这是真的，便立刻派徐福（秦朝著名方士）带领三千童男童女和各种工匠出海，前去寻找神秘的仙岛，带回他朝思暮想的长生不老药。想不到徐福是躲避秦始皇暴政的逃亡者，肚皮里另有打算，带领这些人驶向远方再也不回来了。据说徐福先到了朝鲜，后

1. 蓬莱海边经常可以看见海市蜃楼景象。

2. 海市蜃楼是一种光学现象，是远处的景物影像经过空气折射造成的幻影。

3. 其他平静的水面、雪地、沙漠和戈壁地区，有时候也能形成同样的海市蜃楼景象。

山东蓬莱，蓬莱阁景区俯瞰。（阎建华 /FOTOE）

来又到日本，开辟自己的乐土去了。

请问，这个景象是真的吗？

当然是真的，自古以来不知有多少人亲眼看见过这幅奇观。蓬莱古时候属于登州，这种奇观被称为“登州海市”。北宋科学家沈括在《梦溪笔谈》

中记述说:“登州海中，时有云气，如宫室、台观、城堞、人物、车马、冠盖，历历可见，谓之‘海市’。”说的就是这回事。由于这里常常出现这种海上幻景，已经成为当地一个特殊的旅游资源，吸引了一批批好奇的游客前来观赏。

请问，这到底是怎么一回事?

这当然不是神仙居住的仙岛，而是一种看得见、摸不着的幻影，叫做海市蜃楼。

海市蜃楼现象是怎么生成的?缺乏科学知识的古人认为是大海里的蛟龙，又叫做蜃，朝着空中吐气而生成的幻影，所以叫做这个名字。

请问，真是这样吗?

不，科学家说，这不是仙岛，也不是蜃吐气结成的幻影，而是一种特殊的光学现象。这是光线穿过密度不同的空气层，光的速度和前进的方向发生改变而引起折射的结果。人们通过仔细考察对比，发现在蓬莱地区瞧见的海上仙岛，多半是渤海中间庙岛列岛的影子。

为什么大气密度会发生变化?这是接近地面的气温剧烈变化造成的。所以海市蜃楼现象常常出现在夏天平静无风的海面上。根据不同的折射角度、所造成幻影浮现的位置高低，可以分为上现、下现和侧现等不同的海市蜃楼景象。

除了海面，一些宽阔的江河水面、湖面、雪原、沙漠和戈壁上，有时候也能浮现出远山和建筑物的影子。

“中国好望角”成山头

山东半岛好像一个大鼻子，向东伸进大海里，十分引人注目。山东半岛又有一个小鼻子，伸展得更远，更加突出显眼。

山东半岛的这个小鼻子，就是有名的成山头。

成山头这个“鼻子”真小呀，东西宽 1.5 千米，南北长 2 千米，占地面积只有 2.5 平方千米，和山东半岛大鼻子相比简直微不足道。可是它海拔 200 米，悬崖峭壁紧临大海，从海上望见也很有一番气势。汹涌的波涛日夜不息地冲撞着崖壁，飞溅起一排排白浪花，发出嘭嘭巨响，令人心惊胆战。

别小看了这个小小的“鼻子”，人们把它称为“中国好望角”，非常有名气。

为什么把它叫做“中国好望角”？

好望角是非洲的最南端，分开了大西洋和印度洋两大海洋。成山头位于山东半岛最东端，把黄海一分为二，划分为北黄海和南黄海，与韩国隔海相望，直线距离仅 94 海里，也很有气势呀。

好望角位处南纬 40 度附近，盛行西风带经过的地方，海上风浪特别大。当年葡萄牙航海家九死一生绕过这个海角，把它称为风暴角。贪婪的葡萄牙国王眼望着东方的财富，才将这改名为好望角。成山头的风浪也特别大，也是有名的风暴角，古往今来不知发生过多少海难事故，是过往水手谈虎色变的地方。

知识点

1. 成山头是山东半岛尖端的一个岩石岬角。

2. 成山头的风浪特别大。

3. 成山头是胶东半岛最早看见海上日出的地方。

山东荣成，成山头风景区“天无尽头”景点。（树莓/FOTOE）

人们说，山东泰山是看日出的最佳位置。成山头位于山东半岛的最东端，最早看见海上日出，比泰山看日出还好呢。人们传说在泰山顶上可以远远眺见东方海上日出，其实那里距离大海还很远，根本看不见海上情景，只不过是浪漫的想象而已。站在成山头却实实在在可以看见海上日出，所以这里被称为“太阳启升的地方”。

成山头位于山东省荣成市境内，成山山脉最东端，所以叫做这个名字。由于这里是最早看见海上日出的地方，所以自古以来都被认为是日神居住的地方。据《史记》记载，姜太公帮助周武王平定天下后，曾经在这个地方参拜日神迎接日出，并修建了日主祠。秦始皇也曾经两次到这里看日出，寻求长生不老药。丞相李斯还在这里书写了“天尽头，秦东门”几个大字。公元前 94 年，汉武帝东巡海上，也曾经来参拜日主祠，观日出，修建成山观，写了一首《赤雁歌》，留下许多古迹。

成山头的风浪之大是有名的。这里的风速达到每秒 40 米，大风卷起滔天海浪，最大波高达到 6.9 米，给海上航行带来困难。

为什么成山头的风浪特别大？不仅由于它笔直伸进海心，阻挡着风头和海流，使风浪在这里特别集中，还由于这里是台风经常出没的地方。

常林钻石的故事

山东是钻石之乡。

1977 年 12 月 21 日下午，山东省临沭县岌山镇常林村一个年轻的农村姑娘魏振芳，在田里挖土的时候，瞧见旁边一块地头上还有一片茅草没有挖完，便过去挖了两锨，一下子挖出一颗淡黄色的大钻石。旁边的村民们围上来看，都觉得非常稀奇。晚上她带回家给年迈的父母看。老眼昏花的父亲只看了一眼，便说："我当是什么好东西，就是一块马牙石嘛。"说完便叫她快吃饭，丝毫也没有当成一回事。

魏振芳不服气，叫他再看一眼。父亲这才在光线微弱的煤油灯下仔细看了一下，禁不住喊出了声，想不到真的是一块特大的罕见钻石。

这个地方是有名的钻石产地，曾经引来德国和日本的魔手，他们不知掠夺了多少珍贵钻石。新中国成立后，国家专门在这里建立了八〇三矿进行开采，矿区负责人听说这件事，立刻前来了解情况。魏振芳毫不犹豫地把这颗巨大的钻石奉献给了国家。

经过仔细测定，这颗淡黄色的钻石长 17.3 毫米，重 158.768 克拉，比重 3.52，是我国到目前为止发现的第二颗超过 100 克拉的宝石级天然大钻石，也是我国现存的最大钻石。根据发现地点将其命名为常林钻石，成为我国的国宝。

钻石原本是纯碳物质，生成在地球深部大约 150 千米—200 千米的地方，经过高温高压而重新结晶，形成了天然钻石。在地下深处，具有形成钻石的物理、化学条件的环境不多，所以钻石十分珍贵。在地壳破碎发生巨大断裂的地方，钻石容易随着地下岩浆被带到地下浅层和地表，就能被人们发现了。

山东省临沭县位于沂沭断裂带上，历史上曾经多次发生强烈地震。清代康熙七年（公元 1668 年），临沭县华桥乡西南部与郯城县交界处，就曾经发生了 8.5 级大地震。

由于这里笔直通向地下深处，所以是有名的钻石产地。包括常林村在内的临沭县一些地方，地表常有钻石出露，很容易被人们发现。据说，从前一些地主命令雇工穿着草鞋下地干活，收集穿旧的草鞋用火烧，去掉灰土杂质，常常能够意外发现钻石。由此可见这里的钻石的确不少。

常林钻石发现不久，附近村里一个顽皮孩子也发现了一颗钻石。甚至一个眼神不好的老汉摔了一跤，用手一扶地皮，居然也能拾到一颗钻石。这里的钻石真多呀！

关于这里的钻石，还有一个真实的故事。

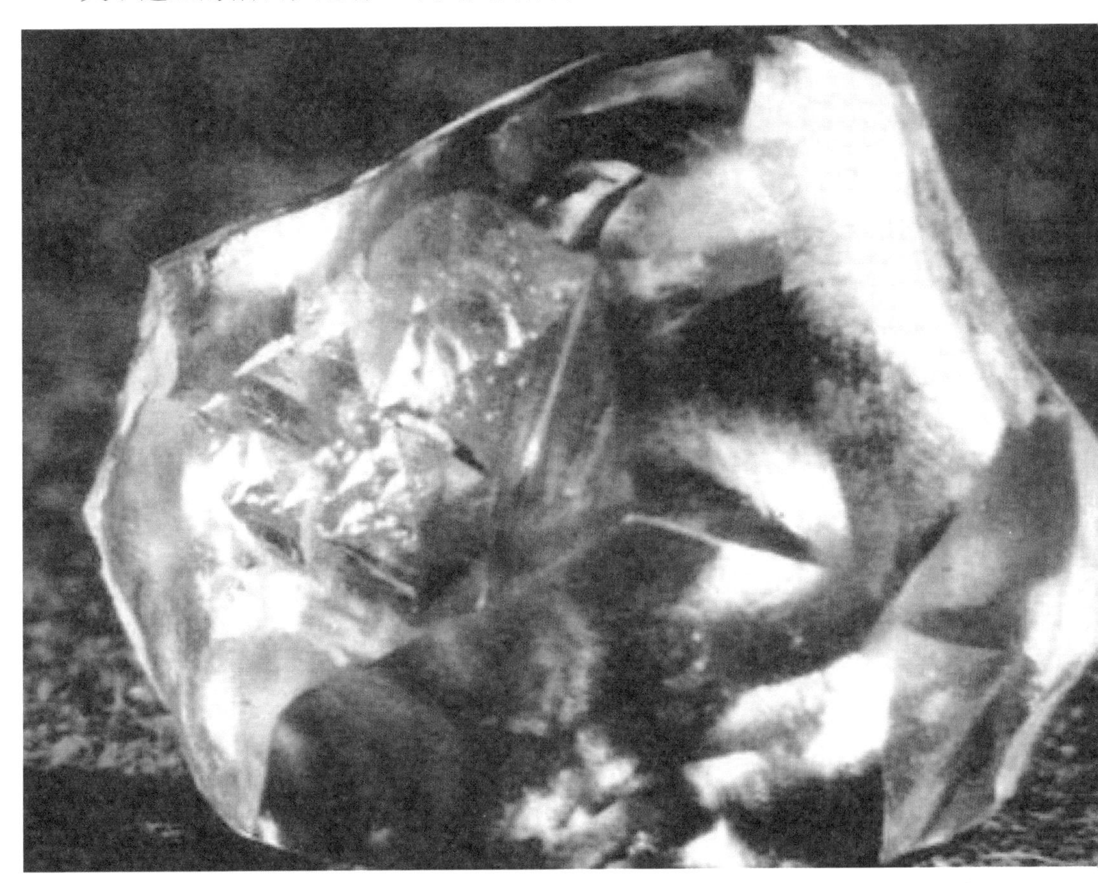

常林钻石资料照片。（FOTOE 供稿）

抗日战争期间，山东省郯城县的李庄有一个姓罗的穷苦农民，穷得娶不起老婆，只好每天喝闷酒。有一天他醉醺醺走回家，一不小心跌进路边的水沟里，回家换了湿衣服，脱下草鞋磕掉沾在鞋底的泥，想不到竟有一颗花生米大小的钻石滚下来。有人提出用 40 亩地、两头牛、一辆车换这颗钻石，他却不干。

一个汉奸乡长和伪保安队长知道后，把他抓进据点毒打，并逼迫他把钻石交了出来。为了不泄露风声，这两个汉奸杀了这个老实的农民。想不到一个伪警察局长打听到消息后，又杀了这两个小汉奸，把钻石弄到手。最后临沂城里的日本鬼子带兵来，再把这个伪警察局长抓进城里杀掉，霸占了这颗染血的钻石。

这颗钻石重约 281.25 克拉，由于产自金鸡岭而被命名为金鸡钻石，比常林钻石还大，被日本强盗掠走后至今下落不明。这笔账应该记在日本侵略者的身上。

知识点

1. 钻石是地下深处含碳物质在高温高压环境下重新结晶生成的。
2. 钻石大多出现在通往地壳深部的巨大断裂带附近。
3. 山东临沭一带是有名的钻石之乡。
4. 我国最大的金鸡钻石也产于山东，被万恶的日本鬼子抢走了。

黄河口的火山

有记者报道：黄河三角洲上发现一座石头山。

该记者准备到黄河口去考察。为了不打没有准备的仗，他出发前查阅了许多古今资料。看来看去，翻开一本古老的地方志，看出一个秘密。只见书上明明白白写着，山东无棣县境内有一座石头山。

咦，这可奇怪了。黄河三角洲上一片平原，都是黄河泥沙淤积形成的，哪有什么石头山？

该记者担心搞错了，专门请示了编辑部主任。

编辑部主任说："那儿原本是大海，由于黄河冲来大量泥沙，才逐渐填平了海，生成了三角洲平原，怎么会有什么石头山包呢？这件事有些奇

山东省垦利县黄河口镇，大汶流自然保护区。（俄国庆 /FOTOE）

怪，你去好好看看吧。”

该记者奉上级指示，更加坚定了决心，要把这件事弄个水落石出。他一路上边走边想，觉得只有两个可能。可能它原本是海上的一个小岛，由于黄河三角洲迅速发展，使它摇身一变，成了陆地上的一座石头山。再不就是古人记载错了，纯属夸大其词，不值得相信。

该记者一路风尘仆仆赶往那里，抬头一看，古人说得不错，果真有一座石头小山，巍巍屹立在平原上，老远就能看见。当地人称其为马谷山，又名大山，坐落在无棣县城北 30 千米处。

这是什么山？需要山上的石头作证。该记者仔细拍摄了照片，顺手拾了一块岩石标本，带回去请专家鉴定。在该记者出发前，消息已经走漏。一些自称“某某名牌大学”的“教授”和“几百年才有我一个”的“大师”纷纷打来电话，准备发表石破天惊的高见。该记者一一婉言谢绝了，觉得还是交给正儿八经的地质工作者鉴定比较好。于是他来到某一地质队，把相关材料交给一位普普通通的地质队员。

那个地质队员不声不响看了看该记者带来的那块黑乎乎的岩石标本，说：“这是玄武岩呀！”他接着看了看照片，“很像一个火山锥。”

旁边一个地质队员对该记者说：“感谢你提供了线索，我们到现场调查了再说吧。没有调查以前，不能随口乱说。”

几天后，他们考察回来了，告诉该记者：这真是一个典型的火山锥，海拔 63.4 米，是新生代第四纪更新世期间生成的一座火山。山坡上遍布火山弹、火山灰、火山砾岩和火山熔岩。由于历史时期并无活动，所以它是一座死火山。结果一清二楚，不需要再多说一句话了。

知识点

1. 山东境内的黄河三角洲上有一座火山。
2. 这座火山生成于几十万年前的第四纪更新世时期。
3. 黄河三角洲是黄河泥沙淤积形成的。

似烟似雾的江南梅雨

淅沥沥、淅沥沥……

梅子熟了，杏花开了，江南的梅雨开始下了。

江南的梅雨，细蒙蒙的，好像有，好像无，似烟又似雾。说它是雨，还不如说它是雾，笼罩着小桥流水，遮掩住亭台楼阁，好一幅朦朦胧胧的江南梅雨水墨风景画。

江南的梅雨，长长绵绵，淅淅沥沥，下了一天又一天，好像总是下不完。

这是什么雨，这样细，淅淅沥沥总也下不完？

江南的气象观测台工作人员报告说："我们监测了好几年，它老是在梅子熟了的时候下个不停，是不是和梅子有关系？"

喝茶的老爷爷慢慢放下冒着丝丝袅袅热气的茶杯，轻轻点了一下头，说："说得对，这就是梅雨呀！"

啊，梅雨，这个名字多么有诗意。

厨房里的老奶奶皱着眉头说："别说得那么好听。老是下雨，洗的床单干不了，家里的东西都快

1. 梅雨有什么特点？

2. 梅雨发生的时候，有什么物候特点？

3. 梅雨为什么叫这个名字？

4. 梅雨还有什么别名？为什么又叫"霉雨"？

5. 梅雨是怎么形成的？

知识点

1. 梅雨是江南地区梅子成熟季节下的雨。

2. 梅雨有绵绵不停的特点。

3. 梅雨是冷暖气团相持不退的结果。

4. 梅雨又叫"霉雨"。

梅雨，江苏扬州瘦西湖。（杜宗军 /FOTOE）

要生霉了。说它是梅雨，还不如说是霉雨恰当些。”

噢，梅雨，我们爱你。

唉，霉雨，我们怨你。

我们应该爱你，还是怨你，真有一些说不清呢。

别怨梅雨，要怨只能怨天上的气团。每年 5 月到 7 月，从太平洋上吹来的东南风，把含有大量水汽的暖气团带到了这里，恰巧碰着西北风吹来，贪恋着江南风光，到现在还赖着不肯走的冷气团，谁也不愿意后退一步。密度大的冷气团把密度小的暖气团抬起来，凝结形成了细蒙蒙的雨水，淅淅沥沥不停地飘落下来，直到不知趣的冷气团慢慢消失才结束。

江南的春天

江南的春天是什么颜色?

江南的春天是绿的。难道没有听说过“春风又绿江南岸”吗?

江南的春天是什么颜色?

江南的春天是水红的。难道没有听说过“杏花春雨江南”吗?

江南的春天是什么颜色?

江南的春天是火红的、蓝的。难道没有听说过“日出江花红胜火，春来江水绿如蓝”吗?

是啊，春天的青草是绿的，蒙蒙细雨中的杏花是水红色的，江畔的花红艳艳，江中的水波碧蓝碧蓝，说得都不错。可是江南的春天还不只是这个样子，迎着微微的春风，走到江南田野去看，还有另外一幅图景。

你看，田里的油菜花黄了，秧苗绿了，紫云英也绽放出淡紫红色的小小花朵。一片片种满油菜花、水稻、紫云英的田地，就像孩子们拿起水彩笔在画册上涂抹的大块大块的画面，给古诗里的那些颜色增添了更多的色彩。

江南的春天有声音吗?

有呀，难道没有听说过“暮春三月，江南草长，杂花生树，群莺乱飞”吗?

一群群叽叽喳喳的黄莺到处乱飞，怎

知识点

1. 江南春雨连绵，老是下个不断。

2. 江南传统的春季农作物除了水稻，还有油料作物油菜和作为饲料和肥料的紫云英。

3. 江南的春天遍地是鲜花青草。

4. 江南春天是候鸟飞回的季节。

5. 江南春天的美是自然和人文共同组成的。

安徽绩溪家朋油菜花盛开，呈现独特的山乡梯田春光。（征尘 /CFP）

么会没有声音呢?

江南的春天有声音吗?

有呀，难道没有听说过“小楼一夜听春雨，深巷明朝卖杏花”吗?

这是陆游在杭州一夜迷迷糊糊没有睡着写的一首诗。江南的春雨老是滴滴答答不断，怎么会没有一丁点声音呢?

江南的春天有声音吗?

有呀，难道没有听说过“自作新词韵最娇，小红低唱我吹箫”吗?

这是姜夔在吴江的松陵泛舟游玩时写的。在如诗如画的江南风景里，一个美丽的姑娘轻轻吟唱着，诗人幽幽地吹箫，多么潇洒，多么迷人哪!

是呀，黄莺在枝头高声啼叫，雨点在屋瓦上低声击打，多情的人在唱、在吹箫，这天人合一的声响多么美妙。可是江南春天还有更多的声音，还得支起耳朵仔细倾听。

你听呀，江南田野里飞着唱着的岂止是黄莺?这里本地的雀鸟多极了，加上迎着春风飞回来的燕子和别的候鸟，聚集在深巷屋檐下、河汊水塘的芦苇丛中，发出一阵阵鸣叫，增添了更多的自然音响。如果再加上从前江南田间一个个遮盖水车的圆形茅草亭里传出的水车转动声，小河里乌篷船咿咿呀呀的摇橹声，这里的声响就更加丰富了。

啊，江南的春天有自然的色彩和声响，渴望美好的人们在心里也会不由自主地添加一些色彩和声音。自然和人文混合在一起，组成了一幅幅更加动人的春天图画。江南春天的美离不了自然，也离不了人文，可要好好记住。

噢，江南的春天是有颜色，也有声音的，好一首深深打动人心的音画诗。

江南的春天色彩非常丰富，声音也非常丰富。为什么这个样子?和这里的自然环境分不开。江南是一片平原，即使有一些低矮的山丘，也不能阻挡气流活动。一旦春天到来，温暖潮湿的气团就会迅速占据这个地区。气温升高了，雨水增加了，能不催生植物生长么?能不唤醒动物活动么?真是一派雁飞鱼跃的景象。这里的色彩和声响，在温暖的春天的带动下，自然就特别丰富了。

长江的尾巴

一个孩子问另一个孩子："喂，你知道长江有多长吗？"

另二个孩子说："嘻嘻，这还不简单么，万里长江当然就有万里长啰。"

江苏启东，长江入海口江滩上的渔船。（季青春/FOTOE）

头一个孩子摇头说："不，万里长江只是一个形容词，要说清楚它具体有多长才行。"

第二个孩子连忙翻了一下书，说："这很简单嘛。书上写得明明白白，长江全长6300多千米。"

头一个孩子又摇了一下脑袋，说："不，差得远呢！至少还差好几百千米。"

第二个孩子有些糊涂了，问道："咦，这是怎么一回事？难道书上写错了吗？"

头一个孩子说："书上没有错，那是从长江发源地点到入海口的距离。可是长江的实际长度比这长得多。"

第二个孩子更加摸不着头脑了，反问道："这是真的吗？难道长江还藏着一条尾巴不成？"

头一个孩子一本正经地说："你说对了，长江还有一条尾巴没有算进去呢。"

第二个孩子生气了，说："你骗人，一条河怎么会有尾巴？"

头一个孩子说："这有什么不可能呢？小狗有尾巴，小猫有尾巴，流进大海的河流也有尾巴。"

第二个孩子好奇地问："这是真的吗？它把尾巴藏在什么地方？为什么我们看不见？"

头一个孩子说："长江的尾巴藏在海水下面，还有好几百千米长，比小狗、小猫和世界上所有的动物尾巴都长得多。"

第二个孩子还是有些不相信，说道："这可奇怪了，比《哈利·波特》里的故事还稀奇，叫我怎么相信你的话呢？"

头一个孩子大大咧咧地说："这还不简单么。不信，你问海洋学家吧。要不，你干脆自己驾一艘潜艇下去看。"

那个孩子没有骗人，长江真的有一条藏在海水下面的尾巴，从长江口外朝东南方向，一直延伸到舟山群岛附近，有好几百千米长。

长江南边的钱塘江也有一条水下尾巴。如果把钱塘江的水下尾巴和长江的尾巴连接起来，没准钱塘江还是长江的一条水下"支流"呢。

河流的海底尾巴是怎么一回事？就是被海水淹没的古河床呀！这种藏在海底的古河床有一个恰如其分的名字，叫做溺谷。"溺"是淹没在水下的意思，"溺谷"就是藏在水底的古河谷。

世界上的溺谷非常普遍。不仅长江和钱塘江有溺谷，世界上许多大河都有同样的海底溺谷。非洲刚果河的水下溺谷长 260 千米，北美洲哈得孙河的水下溺谷长 400 多千米，印度恒河的水下溺谷长 1000 多千米，比许多陆地上的河流还长呢！

为什么一些靠近海边的大河有水下溺谷？这是全球性气候变暖的结果。随着气候变暖，南北极的冰雪融化，海平面逐渐上升，就能淹没一些河流的一段河床，使其变成水下尾巴。

不消说，在特殊情况下，地壳下沉也能形成水下溺谷。

松江四鳃鲈鱼

松江是上海西南面一个古老的小城。这里处处小桥流水，处处临水人家，一幅江南水乡风光，和江南别处没有两样。

人们提起松江会想起什么？

想起流淌过它的那条弯弯曲曲、平平静静的松江水。说起松江，没有多少人知道。说起吴淞江和流经上海的苏州河，名声就响亮了。其实它们都是一回事，只不过在不同河段有不同的名字罢了。古时候这条河叫做松陵江，又名笠泽，是太湖支流三江之一。它从太湖瓜泾口流出来，东流进入上海市区，在外白渡桥下和黄浦江汇合，再向北通过吴淞口入海，全长 125 千米，是太湖流域连通上海的重要航道。

人们提起松江会想起什么？

会想起这里历史悠久的文化。秦建镇、唐置县、元升府、明清成为全国纺织业中心，曾经享有“苏松税赋半天下”和“衣被天下”的美称。这里出过陆机、陆云、赵孟頫、陶宗仪、徐阶等许多文人才子，有上海历史文化发祥地的说法。

人们提起松江还会想起什么？

会想起美味的松江四鳃鲈鱼。这种鱼味美到什么程度？清代康熙、乾隆皇帝下江南的时候，在松江品尝了四鳃鲈鱼后赞不绝口，称赞其为“江南第一名鱼”。唐代陆广微在《吴地记》里还记述了一段趣闻。据说晋代有一个名叫张翰的人在京城做官，瞧见秋风起，怀念故乡的四鳃鲈鱼，便立刻卷起铺盖回老家，连官也不做了。这个张翰不仅是美食家，也是一个真正淡泊名利的人物呢。

松江四鳃鲈鱼是这里的土产吗？

人们瞧见盘中的四鳃鲈鱼，会以为这是一种小河、小池塘里生长的淡水鱼，只有这儿秀丽的江南水乡环境，才能生长出这种肉质细嫩、滋味鲜美的鱼；还会以为它性情温和，一切都符合温情柔和的江南风格。加上世代相传松江秀下桥所产的四鳃鲈鱼最负盛名，所以人们就完全误以为它是这里的“土著居民”。

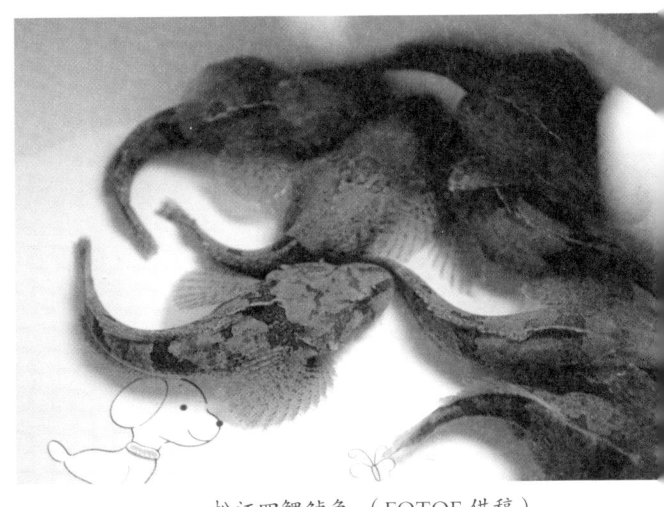

松江四鳃鲈鱼。（FOTOE 供稿）

错啦！信不信由你，这种四鳃鲈鱼是不折不扣的海鱼，渤海到东海沿岸到处都有，以长江三角洲一带最多。它出生在海边浅水里，稍稍长大就顺着一条条河流游进内陆生活，直到成年后才返回大海，是一种生在大海、长在内陆的鱼。它的性格可不温和，专门抓鱼虾和甲壳动物吃，是江南小河里的小小“水老虎”。别的鱼遇着它，可要倒霉啦。

松江四鳃鲈鱼又叫四鳃鲈、花鼓鱼、媳妇鱼。它和黄河鲤鱼、长江鲥鱼、太湖银鱼齐名，被列为我国四大名鱼。

它的个头并不大，一般只有15厘米长，体重不超过100克，身上很光滑，没有鳞片。别瞧它个头不大，性情却非常凶猛，白天躲在水底休息，晚上就钻出来找东西吃，是江南小河里的“黑夜杀手”。

这种鱼是什么模样？它长着一张大嘴巴，下颌伸得长长的，比上颌长好大一截。它配着两只冷冰冰的小眼睛，一副贼溜溜的样子，一看就是一个贪吃的家伙。

四鳃鲈鱼真的有四个鳃吗？

不，它脑袋侧面的鳃盖膜两边各有两条橘红色斜带，猛一看，好像四片外露的鳃叶，所以叫做这个名字。

噢，原来是人们看走了眼，误认为它是有四个鳃的怪鱼，其实根本就不是那么回事。

吴山点点愁

翻开地图看，江南似乎到处都是山。

你不信么？请看吧，上海附近西有昆山、小淀山，南有柘山、查山、秦望山。苏州周围有灵岩山、上方山、虎丘。无锡有惠山、锡山。镇江江边也有金山、焦山。如果接着说下去，一下子说也说不完。

可别小看了这些山，每座山都有一段自己的故事。梁红玉曾经擂鼓战金山。吴王阖闾下葬在虎丘，传说中的“干将”“莫邪”宝剑就殉葬在这里。孙权为了找这两把宝剑，还专门大挖一通，留下了挖出来的剑池。就连那个不太出名的秦望山，据说秦始皇也曾经登临过。江南群山里，哪一座山没有值得回忆的过去？

咦，说起来有些奇怪了。位于长江三角洲上的江南地区，是一片水港纵横的平原，哪来这样多的山？不是地图上印错了，就是我们自己糊涂了。再不，就是历史欺骗了我们。

不，地图没有错，历史也没有错，我们自己更加没有错。江南平原上的确散布着许多山。唐代诗中白居易在诗中描写说：“吴山点点愁。”五代南唐的冯延巳描写同样的“吴山”，也写道：“春艳艳，江上晚山三四点。”

白居易说的是什么地方？

说的是“吴”，就是江南呀！

他描写的对象是什么？

描写的是“吴”地的“山”呀！

知识点

1. 江南平原上有许多小山包，大多只有几十米高。

2. 这些小山包东一座、西一座，呈零零散散的“点点”分布。

3. 从地貌学的角度，这些小山包只能算是丘陵。

吴山是西湖南山延伸进入杭州城区的一部分，南面可远眺钱塘江及两岸平畴，上吴山仍有凌空超越之感，且可尽揽杭州江、山、湖、城之胜。（Billon/CFP）

诗人说得这样明白，有一点却使人不明白。山就是山，人们印象中的山都很高大。这里的“吴山”为什么是“点点”呢？

“点点”是什么意思？是很多的意思，还是很小的意思？

是不是他写错了？是不是他想不出别的词可以用了？

不，白居易是有学问的诗人，还做过杭州“市长”，怎么会昏了脑袋胡乱用词呢？我们想要弄清楚这位古代诗人说的“点点”的意思，去问地质学家吧。

咱们首先要弄清楚一个事实，江南平原上真的有很多山。其次要明白另一个事实，白居易和冯延己都没有说错，“吴山”是“点点”的样子。不同的诗人描写同样的“吴山”，不约而同地选用“点”这个字，就是共同的山的特点。

山就是山，为什么写成“点点”？

文学家描写山，不是称赞它高大雄伟，就是形容它连绵不绝。前者是高峰，后者是山脉，都是常见的山的样子，却没有谁把山形容成“点点”的样子。

为什么诗人这样写呢？总有他们的原因。

说来道理很简单，他们看见的“吴山”就是这个样子的。

白居易是在什么地方看见“吴山”的？

在瓜州古渡头。

这里位于长江边，山头非常低矮，谈不上高峰。这里的山几乎都是一个个互不连接的小山包，也算不上山脉。从前那些形容山的形态的字句，在这里统统用不上。倒是“点点”两个字，非常传神地描绘出这些小山包的特点。

为什么江南散布着这些孤立低矮的小山包？

地质学家说：“这是侵蚀残丘呀！”

侵蚀残丘是经过长期风化剥蚀后残留的小山包。大多数是孤立的，虽然有些互相连接着，却谈不上山脉。

你想看侵蚀残丘到底是什么样子吗？请再仔细看这些山丘吧，一个个低矮的小山包，只有几十米高，并不互相连接。仔细品味一下，就觉得白居易和冯延已用“点点”和“三四点”几个字描写这些侵蚀残丘完全符合地貌学的含义，真是妙极了。

话说到这里应该明白，这是“丘陵”，不是“山”。说它们是“山”，过于抬举它们了。倒是虎丘谦虚些，干脆承认自己是“丘”。其实古人早就说过，“山不在高，有仙则灵”。虎丘海拔不过 34.3 米，只不过和一幢十多层的楼房一样高。可是山上有许多古迹，到处充满了灵气，一点也不比许多虽然很高却什么也没有的真正的山名气差呢。

乌衣巷里燕归来

春天来了，燕子回来了。

请看，一对对黑色的小燕子张开翅膀，飞过田野，飞过山冈，一直飞进苔痕斑斑的石头城。不知它们是激动，还是商量什么事情，一刻也不停地吱吱啾啾叫着，显得十分兴奋。

请看，一对对黑色的身影划过天空，掠过一道道屋脊，穿进一个个幽深的院子，飞落下一座座古老的瓦房，笔直飞到一道道结满蛛网的屋檐上，找到了去年留下的旧窝。

唐代诗人刘禹锡笔下的乌衣巷位于南京夫子庙秦淮河南岸，相传这里是三国东吴时的禁军驻地，由于禁军身着黑色军服而得名。（CFP 供稿）

黄昏的黯淡霞光里，所有的一切都变得模模糊糊，增添了多少惆怅和迷惘。秦淮河水静静流，淌过朱雀桥，淌过夫子庙，淌过河边一座座歌楼酒肆。不消说，它也淌过了这条狭窄的小巷子。

这是什么巷子？为什么好些归来的燕子都飞了进去？

这是乌衣巷呀！昔日王谢深深相府，今日寻常百姓家。古朴典雅的青瓦粉墙，风光依旧那样旖旎，气氛还是那样沉静，好一派“青砖小瓦马头墙，回廊挂落花格窗”的六朝建筑图画，使人产生无限遐想。

庭院深深，暮色沉沉，一切都显得那样悠闲，那样沉静。唯有刚刚归来的燕子还没有消散激动的心情，一对对高高低低、来来回回飞来飞去，不知在寻找什么，吱吱啾啾叫个不停……

燕子和大雁、野鸭，都是春来秋去的候鸟，不会老是住在一个地方。为什么秋风一吹，它们就离开？因为天气变冷了，吃的小虫子也少了。

随着漫长的冬天刚刚过去，一阵阵春风吹绿了江南岸，燕子便成群结队归来了。江南归燕，自古以来都是人们传诵的话题。

是温暖的江南春天招引它们吧？是的，正是由于季节变化，追逐温暖气候的燕子才成群结队从遥远的南方飞来，到这里来产卵，养育孩子，开始一年一度的平常生活。待到秋风起时，它们才会重新集结成一支队伍，依依不舍地离开这里。

燕子的记忆力很强，有回归旧巢的习惯。据说，春秋时期吴国为了验证这个问题，剪掉燕子的一丁点儿脚爪，等到第二年春天燕子重新飞回来的时候，仔细检查它的脚，想不到真的就是从前的燕子。后来有人在燕子脚上拴一根丝线，又做一次科学实验，证明飞回来的真的是熟悉的燕子。

知识点

1. 燕子是春来秋去的候鸟。
2. 江南地区春天暖和，食物丰富，是燕子集中的地方。
3. 早在春秋时期，我国就发现了燕子有回归旧巢的习惯。

雨花石的来历

啊，雨花石，晶莹透亮的雨花石，色彩那样绚丽，谁见了不喜爱?

雨花石产自南京城外的雨花台。关于它的来历，有一个神奇的传说。从前这个地方叫做梅岗。据说在1400多年前，南北朝的梁朝时期，有一个外地来的云光法师在这里说法。他精通佛法，讲得非常精彩，不仅招引来许多和尚和一心信佛的俗家居士，连天上的神仙也被吸引住了，他们纷纷腾云驾雾前来听课。

神仙们听得高兴了，就从天上抛下许多鲜花，献给讲课的云光法师。

五颜六色的雨花石。(刘建华/FOTOE)

这些四处飞撒的鲜花落在山冈上，变成了许多漂亮的五彩石。因为这是天花乱坠的结果，所以叫做雨花石。

雨花石这个名字真好听，外表也非常好看，成为南京一个著名的“土产”。

为什么人们这样喜爱雨花石？因为它色泽鲜艳，花纹特别美丽，构成了各种各样想象奇特的纹路，具有很高的观赏价值，自古以来就是有名的观赏石。游客来到这里，如果不拾几块带回去，似乎就虚此一行了。

珍奇的雨花石，真的是天上的神仙抛撒的花朵吗？

当然不是。雨花台的小山冈上，有许多磨蚀得非常光滑的小石子。地质学家分辨后宣布说，这里的石子有两种。一种是没有鲜艳的颜色和光泽的普通硅质岩石和岩浆岩卵石。另一种亮晶晶的，色彩十分鲜艳，具有千变万化同心圆状的花纹，是石英的变种，叫做玛瑙，就是人们说的雨花石。为了和前面那种普通的卵石相区别，人们专门给它取了一个名字，叫做“雨花玛瑙”。

这些雨花石才是雨花台上的珍品，埋藏在泥土里，和别的卵石混杂在一起，需要仔细寻找才能找到。

雨花台上的雨花石是从哪里来的？地质学家看了说：“雨花台是一个古老的河流阶地。包括雨花石在内的各种各样的卵石，都是河流冲刷带来的。”

既然这是河流堆积物，就可以推断从前这里是一条大河流过的地方。

知识点

1. 美丽的雨花石产自南京城外的雨花台。
2. 雨花石周身透明，色彩鲜艳，是石中珍品。

南京身边的火山

有记者报道：南京旁边藏着一个货真价实的火山群。

你不信么？请跟随这位记者去看吧。

从南京过了长江，顺着一条大路往前走，北边不远的六合区境内，有许多小山包。从前人们压根就没有把这些小山包当成一回事。千百年就这样默默无闻过去了，谁也不会多看它们一眼。

历史一页页翻过去，终于到了现代。地质学家一看，惊奇地说："哎呀，这是火山呀！"

人们听见火山，不由得吓了一跳。在人们的心目中，火山好像定时炸弹，不知道什么时候会爆发。

仔细数一数，想不到这里竟有25座火山。这么多的火山紧紧挨靠着南京，万一接二连三爆发起来，可不是好玩的。

该记者也有些着急，连忙问地质学家。地质学家安慰该记者："放心吧，这是死火山，早就没有戏了。现在人们到处找地方玩，这个火山群就可以开辟成新的旅游景

江苏南京六合，方山地貌远眺。（黄旭/FOTOE）

点呀。边玩边学习科学知识，多好！你从这个角度报道，就不会引起不必要的惊慌了。”

这话说得有道理。该记者就拉着地质学家，一起去看这些火山。

六合火山群里，最有名的是方山和桂子山。我们就首先调查这两座火山吧。

方山海拔 188 米，相对高度也有 152 米，高高耸立在平原上非常显眼。远望方山，山顶是平的，难怪叫做这个名字。该记者跟着地质学家哼哧哼哧爬上去一看，一下子傻了眼。只见山顶中央有一个很深的凹坑，根本就不是平的。该记者在地质学家的指导下测量了一下。想不到这个凹坑的直径竟达到 600 米，有 80 米深。站在山下看，做梦也想不到山顶会有这么大一个坑。

地质学家说：“这就是火山口呀！这个火山口保存得很好，是研究火山的好地方。”

桂子山也是一个火山锥，虽然只有方山的三分之一高，却有一片罕见的奇观。它的东边山坡上，耸立着许多六边形和五边形的乌黑色石柱，密密麻麻排列着，十分引人注目。这些多边形石柱大约有 30 多米高，半米粗，横截面为多角形，外表形状非常规整，组成一个奇异的石柱林。

地质学家说：“这是玄武岩的天然节理。这样发达的多角形柱状节理十分罕见，应该好好保护起来。”

除了方山和桂子山，还有西横山、瓜埠山、灵岩山、马头山等二十多座火山，组成一个火山群。这些死火山不仅不会威胁南京的安全，反倒引起人们的兴趣，成了南京附近第一个国家地质公园。

跟着地质学家考察六合火山群，真是大长见识。这里开辟为旅游区，真是再好不过了。

火山可以分为活火山、死火山、休眠火山几种。正在活动和最近还在活动的是活火山，历史时期曾经喷发过的是休眠火山，历史时期没有活动的是死火山。从历史记载里，六合火山群没有喷发过，属于死火山类型。

玄武岩的多角形节理，是古代熔岩冷凝的时候形成的。

正是河豚欲上时

啊，河豚，叫人又爱又怕的鱼。

为什么人们爱它？

因为它好吃呀！人们说它和刀鱼、鲥鱼是三道最美味的河鲜，而它是这“三鲜”之冠。古代有一个谚语说：“不食河豚，焉知鱼味？食得河豚，百鱼皆无味。”

这个谚语说的是河豚实在太好吃了。吃过河豚觉得这才是真正的美味，再也不想吃别的鱼类了。

为什么人们怕它？

因为它有毒呀！据说，1 克河豚毒素就能毒死 500 人。这样毒的鱼，比砒霜还厉害，人们怎么会不怕它呢？

既然河豚有毒，为什么还有人想吃它？说来说去就是因为它的肉好吃，人们管不住自己的嘴巴，所以有拼死吃河豚的说法。

河豚又叫河鲀，古时候称为鲐，现在民间又常常叫它鲢鲅鱼、气泡鱼。

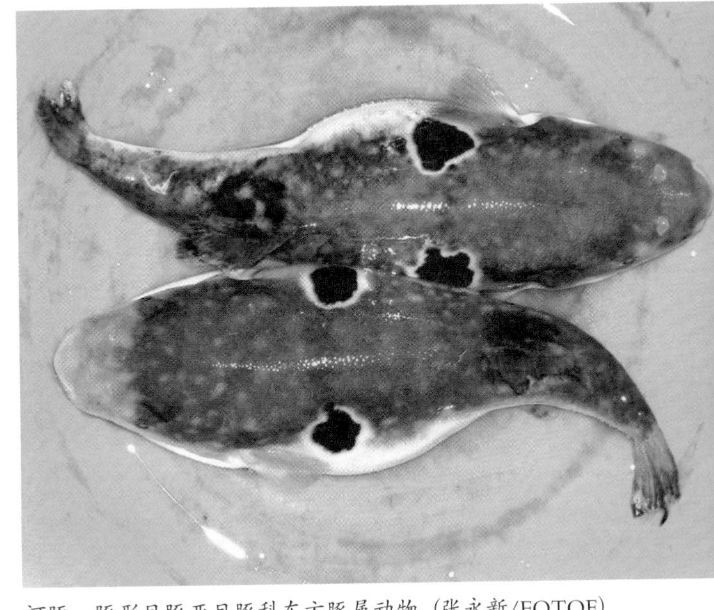

河豚，豚形目豚亚目豚科东方豚属动物。(张永新/FOTOE)

河豚是什么样子？它的个头不大，一般长 30 多厘米，体重 1000 克上下，身体好像一个圆筒，又短又肥厚。带花纹的黑褐色背脊，配上白肚皮，身上光溜溜的，没有鱼鳞。尾巴细细的，很像一个大蝌蚪。它的嘴巴很小，露出合在一起的牙板，模样怪怪的。

有趣的是它的肚皮里面有一个很大的气囊，遇着敌人或受到惊吓，它立刻鼓满气，把肚皮胀得像气球似的，翻转肚皮躺在水面装死骗人。它有时候还能发出"咕咕"的叫声呢。

它的名字虽然带一个"河"字，却是一种暖水性海洋底栖鱼类，有100多个品种，世界上许多地方都有它的踪迹。我国沿海各个海区都能找到它，只不过长江口附近最多而已。它主要栖息在大海里，每年春天游进江河里产卵，所以人们误认为它是河里的鱼，给它取了河豚这个名字。

河豚的毒主要集中在肝脏、血、眼睛、生殖腺里，如果有一丁点没有清洗干净，就会使人中毒。

什么地方的河豚最多？

人们早就掌握了它分布的规律，说江阴的河豚最有名。靠近长江口的镇江、江阴一带，是河豚最集中的地方。

什么时候河豚最多？

人们说它"立春出江中，盛于二月"。提起它出现的时间，人们不由会想起苏东坡的一首诗："竹外桃花三两枝，春江水暖鸭先知。蒌蒿满地芦芽短，正是河豚欲上时。"诗人说得清清楚楚，春天刚刚到来的时候，就是河豚出现的时候。

噢，河豚，这是美味的毒药呀！我们好好管住自己的嘴巴吧，保护自己的生命最重要，这样的毒鱼最好别碰。

知识点

1. 河豚主要生活在海里，春天到内河产卵，长江口一带最多。
2. 河豚味美，有毒。毒素主要集中在内脏。
3. 河豚外表很像蝌蚪，可是个头比蝌蚪大得多。
4. 河豚会鼓起肚皮装死。

瓜洲古渡头

我漫步在瓜洲古渡口，抚摸着苔痕斑斑的古渡石碑，心中不由得涌起了怀古的幽情。

啊，瓜洲渡口，岂不就是古时沟通长江南北的那个渡口吗？立志变法改革的北宋宰相王安石笔下的“京口瓜洲一水间，钟山只隔数重山”，就是在这里写的。

唐代诗人白居易在《长相思》里吟唱的“汴水流，泗水流，流到瓜洲古渡头”，也是说的这里呀。这里紧锁南北，自古以来就是沟通江南和江北的咽喉，也是江南通往广阔中原大地的第一站。曾经有多少车马、多少客商，从这里乘船横渡，留下一个个繁华的梦。

啊，瓜洲渡口，岂不就是从前南北对峙的江上要塞吗？

南宋爱国诗人陆游晚年在《书愤》中写下“楼船夜雪瓜洲渡”一句，寄托了多少期望，瓜洲就是他满怀悲愤所描写的地方。在那中原山河破碎的岁月，这里就是捍卫江南半壁江山的最前线。曾经有多少兵马和战船驻扎在这里，演绎了一幕幕可歌可泣的故事。

啊，瓜洲渡口，岂不就是双目失明的唐代鉴真大师乘船东渡日本起航的地点吗？这里距离日本强盗举起屠刀，犯下“南京大屠杀”滔天罪行的地方不远。中国人带去文化的种子和深厚的友谊，启迪了日本文明。日本侵略者带来的是血腥

知识点

1. 扬州镇江之间的瓜洲古渡是古代沟通长江两岸的交通要塞。

2. 瓜洲镇在一个名叫瓜洲的沙洲上，是长江泥沙淤积形成的。

3. 长江在这里南北摆动，淤塞了南北两岸的渡口。

江苏扬州，京杭大运河瓜洲古渡。(鲍昆 /FOTOE)

的屠杀野蛮的掠夺。这是对历史的嘲笑，还是人性的丧失？这是忘恩负义，还是野蛮成性？我问苍天，我问大地，我问滔滔长江，你们岂能回答？

啊，瓜洲渡口，岂不就是传说中杜十娘怒沉百宝箱的地方吗？岸边还静静地耸立着一座沉箱亭，引人无限怅惘。金钱和势利的眼光亵渎了真诚的爱情，滚滚江水底下的珠宝可以作证。

一轮夕阳慢慢沉下了天际线，眼前一切都渐渐模糊了，可是历史的一切回忆还清清楚楚。瓜洲古渡口啊，我怎么能够忘记你？你的每一颗沙粒，每一个浪花，是不是都记录了一段史实，隐藏了一个故事？

瓜洲在哪儿？是出产大西瓜的地方吗？

不，它让历史记住的不是什么西瓜，而是一个古老的长江渡口。

瓜洲古渡在什么地方?

在今天江北的扬州和江南的镇江之间。这两个地方都非常重要。

扬州是大运河经过的地方，自古以来就是一个重要的经济文化中心，城市繁盛，人口众多，有“荆扬户口半天下”的说法。

镇江古时候叫做京口，又叫润州，背靠山冈，面临大江，形势险要，自古以来就是保卫江南的军事重镇。扬州往南走没多远就到了长江边，笔直过江就到镇江了。

晋代这里的北岸江边生成了一个沙洲，形状好像一个瓜，所以取名为瓜洲。后来这里发展成为一个小镇，改名叫做瓜洲镇。瓜洲古渡就在这个沙洲上，南北交通繁忙，这里很快就兴旺起来。

为什么这个渡口后来衰落了？除了历史的原因，更加重要的是河流泥沙捣乱。长江江水从上游流来，在这里淤积了许多泥沙，才慢慢堆积成为一个沙洲。后来泥沙越堆越多，渐渐淤塞了渡口，使岸边的水越来越浅，船只没法靠岸，瓜洲古渡就一天天衰败了。

噢，原来江边的瓜洲的形成和泥沙堆积有关系，它的衰亡也和泥沙有关系。长江流到这里，主流线在南北岸边不停摆动，既淤塞了北岸的瓜洲渡口，也淤塞了南岸的镇江渡口。

古时候两边的渡口都不同程度地淤塞了，没有进行清理，这个过江的渡口当然就慢慢衰落了。

活化石银杏

江苏省通过决议将银杏定为省树，理由有 5 条：

1. 银杏树是中国特有的最古老珍贵树种，被誉为植物界的“活化石”。

2. 银杏是优秀品格和精神的象征，经火山爆发，冰川侵融，一直保存至今。银杏不畏艰险，百折不挠，蕴含坚忍不拔、刚毅顽强的优秀品格和精神，也是健康长寿的标志。

3. 银杏在江苏省分布广泛，古银杏树数量居全国之首。全省现有 288 株树龄达 500 年以上的一级古树，其中古银杏 197 株。泰兴是中国最大的古银杏集中种植地。

4. 银杏是江苏省适生的优质生态经济型树种。全省银杏种植面积超过 50 万亩，白果产量占全国产量的一半。

5. 银杏全身都是宝，经济价值很高。

银杏又名白果、公孙树、鸭脚。这几个名字是怎么来的？这要听古人的解释。

明代大医学家李时珍在《本草纲目》里介绍说：“原生江南，叶似鸭掌，因名鸭脚。宋初始入贡，改呼银杏，因其形似小杏而核色白也，今名白果。”

噢，原来江南是它最早的产地，鸭脚才是它最早的名字。

人们常常说银杏是珍稀的活化石。这话对不对？这要听地质学家的解释。

地质学家说：“对呀，就是这么一回事。”

知识点

1. 银杏是古老的植物，两亿多年前曾经遍布全世界。

2. 银杏是中国特有的珍稀植物。

3. 银杏除了可以做观赏树，还有别的许多用途。

原来银杏是现在地球上保存下来的最古老的树种。银杏是种子植物中比较低级的裸子植物。

江苏扬州，黄金大道江都水利枢纽风景区银杏秋色。（陈卓辉 /FOTOE）

根据化石资料介绍，早在两亿多年前的古生代，除了南极大陆和赤道附近，到处都有银杏的踪迹。到了中生代末期，地球的气候变得非常干冷，出现了高度进化的被子植物，包括银杏在内的许多古老植物渐渐衰败了，它们的分布范围也逐渐缩小。后来再经过寒冷的第四纪冰川作用，世界上大多数地方的银杏都消失了，只有我国东部受第四纪冰川的影响小，银杏才在华北、华东、华中等地一些地方保存下来。

银杏是现存种子植物中最古老的一个属，也是国家一类保护的珍稀植物。不消说，银杏的存在足以证明在第四纪期间，我国东部没有大面积的古冰川分布。

现在世界上只有我国浙江的西天目山、湖北的神农架和河南与安徽交界处的大别山，还有少量野生银杏。其他大部分地区的银杏，都是后来人工栽培的。感谢我们聪明勤劳的祖先，这样珍惜大自然资源，给人类保存和繁殖了这么多的古老银杏。

啊，说起来，银杏比大熊猫还古老、还珍贵呢。

银杏是美丽的观赏树。苏东坡称赞它“四壁峰山，满目清秀如画；一树擎天，圈圈点点文章”。它也有丰富的经济价值。它的果实白果除了做中药,也是很好的食品。它的木质纹理细腻,是雕刻和装饰用的珍贵材料。

古徐州的猜想

徐州自古是兵家必争之地。想象中的徐州必定地势险要，胜过许多著名关隘。要不，千百年来这里怎么会流传无数战争故事？如果你去徐州看看，一定会大失所望。这里一无高山，二无大河，地形平平常常。这里是一片平原，哪有一丁点险要的气势？

说这里是平原也不完全正确。抬头向四周一看，远远近近耸起一座座小山，并不是单纯的平原风光。仔细一想，号称“武圣人”的关云长曾经被曹操包围在这里的一座小山上，讲了几个不痛不痒的条件，不得不放下架子扭扭捏捏举手投降，想必就是这种地形了。

再一看，即使山前的平地，也和常见的平原有些不一样。这里有一些地方非常平坦，堆积着厚厚的泥土，和常见的冲积平原一模一样。可是有些地方却微微起伏不平，活像用斧头削过似的，总有些坑坑包包，压根就不是真正的一马平川。

咦，这可奇怪了，这种地形是怎么生成的？这样一点也不险要的地形，怎么能够成为易守难攻的军事重镇，写进一本又一本历史书里，流传到今天？

一位教授应邀来到这里，一只脚跨下汽车，略微远远看一眼，立刻斩钉截铁地宣布：“这是古代喷发的火山呀！我看过一些地方的火山锥，外貌差不多。”

一位研究员说：“专家说的话到底不一样，一眼就看出了这些

知识点

1. 徐州自古是兵家必争之地。

2. 徐州附近一片平原，散布着一座座小山头。

3. 这种地形叫做准平原，是在地壳长期稳定的条件下慢慢侵蚀夷平的。

小山的本质。本人听了茅塞顿开，心中无比佩服，忽然明白了为什么这里与战争有关系。根据阴阳八卦原理，火山必定有火。火虽然熄灭了，地下却还有火气。古往今来带兵的大将来到这里，沾了这股地下火气，自己肚皮里的火气也就冒出来了。于是双方一到徐州就打起来，这里自然成为兵家必争之地了。”

江苏徐州，京杭大运河上的驳船船队。（谢光辉 /CTPphoto/FOTOE）

别信这些不深入调查，下车就夸夸其谈的“专家”。科学不能信口开河，不能掺杂半点迷信。要想知道徐州的地形结构是怎么一回事，还得问真正的地质学家。

地质学家认真考察后，对大家说：“这是准平原呀！”平原就是平原，为什么带一个“准”字？说的是它像平原，却还有些不够格。

什么叫做准平原？说得明白些，就是一种侵蚀平原。

侵蚀平原和堆积平原不一样。后者是河流或别的力量冲带来大量泥沙，慢慢堆积而成的，所以地面非常平坦。侵蚀平原就不一样了。这里原本可能是山地，经过长期侵蚀作用，地壳被慢慢夷平而形成侵蚀平原。这活像一个水平不高的木工师傅，不用刨子把木板刨平，而是用斧头慢慢削平，总会留下一些疙瘩，不可能削得像镜子一样平坦。那些侵蚀平原上的“疙瘩”，就是散布在地面上的一座座小山头。

准平原是地壳在长期稳定的条件下，经过外力作用慢慢夷平形成的。

徐州为什么是兵家必争之地？和地形无关，而是连通东南西北的交通位置所决定的。

西湖美

如果有人问我，世间最美的地方在哪里？我会告诉他，不是荷兰的郁金香花田，不是加拿大漫山遍野的红叶，也不是隐藏在德国巴伐利亚黑森林深处的古堡……那些只不过是一张张色彩鲜艳的西洋画片，不能引起我心灵的共鸣。在我的心里，人间最美的地方在中国，特别是杭州城边的西湖。

说起来西湖并不大，没有洞庭和鄱阳那样波光渺渺、一眼望不见边的壮阔风光，也不如永州小石潭清冽、九寨沟湖群五彩缤纷。西湖边的群山外表平平常常，毫无雄伟壮丽的气势，怎能比贺兰、祁连、峨眉、黄山？这样一个平平常常的湖泊，这样普普通通的山丘，为什么那样震撼我的心灵？

请你到西湖边去走走吧，你就会懂得我的话，理解我的心。

说西湖不大，也很大。说西湖平常，却也不平常。它的真正动人之处，就在这不大中的博大，平常里的不平常。

我们就以孤山一隅来说吧。走上小小的孤山，你会感受到什么？

踏上通向孤山的断桥，定会油然想起多情的白娘子和许仙的故事，深深厌恶那个多管闲事的法海和尚。走到岛上迎面看见一座放鹤亭，不由得会想起隐逸诗人林和靖“梅妻鹤子”的高风亮节。走过酒旗飘飘的楼外楼，心头不得不涌上“山外青山楼外楼，西湖歌舞几时休？暖风熏得游人醉，直把杭州作汴州”的幽恨和愤怒。再往前去是秋瑾墓，怎能不默默念诵“秋风秋雨愁煞人”的诗句，心中产生几多遗憾、几多惆怅？跨出小岛还有庄严肃穆的岳坟，面对“精忠报国”的题词，会激发起人们无限悲愤和敬仰。这里还有打虎英雄武松、游戏人间的济公和那个受尽侮辱的不幸姑娘苏小小的故事，哪一个不联系着人们的爱和恨？够了，这样散落的历史篇章和民间故事还少了吗？可以说步步是历史，步步是故事，紧紧扣着中国人的心。带一本历史书去读西湖吧，你会懂得更多更多。

西湖的美，在于它本身的情致，步步都是景，步步都是诗。每跨出一步，就会使人在心底冒出许多脍炙人口的诗句，使人沉醉、流连。你看，这里“接叶巢莺，平波卷絮，断桥斜日归船”。你看，这里“波暖绿粼粼，燕飞来，好是苏堤才晓”。一幅幅诗意葱茏的湖上风光，好似宋人精致的扇面小画，真是“欲把西湖比西子，淡妆浓抹总相宜”。无须多说，此中意境，只能意会，不能言传。带一本宋词去读西湖吧，你会体会得更深更深。

西湖的美，还在于它的平民特性。你看，这个没有围墙的公园完全和普通人的生活融为一体。人们行走在西湖边，装点了西湖的特殊风景。这

浙江杭州西湖风景区，从西泠印社远眺西湖。（唐国增 /FOTOE）

里没有颐和园昆明湖那样金碧辉煌，不会联想起那个该死的老妖婆慈禧太后，想起她滥用海军专款和由此而来的悲痛的甲午海战。这里使人想起的只有平凡的百姓生活。这就够了,西湖的美就在于它是历史的,是人民的。难道这不是最美的吗？带一颗热爱人民的心去读西湖吧，你会爱得更加深沉。

西湖是怎么生成的？是陆地和海洋共同作用的结果。

人们说这里三面青山一面城，却不知道这里曾经是三面青山一面海。

为什么这样说？这要从它的古地理环境说起。原来这里在远古时期，曾经是一个海水拍打的海湾。一边是海岸上的青山，一边是波涛汹涌的大海，中间是一个海湾，岂不是三面青山一面海么？

后来由于泥沙淤积，海湾口的两边伸展出两条沙堤，渐渐把海湾和大海隔断，形成藕断丝连的潟湖。最后两条沙堤连接起来，完全脱离了大海的怀抱，就成了一个湖泊。

我们看见的西湖还不是那个原始的样子。后来再经过历代人工精心治理，包括白居易和苏东坡在这里做官的时候，带领人们挖湖泥、通水源、建湖堤，才变成今天“苏堤横亘白堤纵”的样子。

啊，美丽的西湖原来是大自然老人恩赐，加上人们的精心呵护、苦心长期营造的结果。西湖啊，西湖，原来是天上人间爱的产物。

知识点

1. 西湖的第一页历史是一个海湾。
2. 西湖的第二页历史是一个潟湖。
3. 西湖的第三页历史是历代人工精心治理而成的湖泊。

飞来峰的传说

山能飞吗？

当然不能！如果山也能长着翅膀在天上飞来飞去，岂不是《哈利·波特》书里那样的神话世界？那样的奇迹，只有在哈利·波特读过的魔法学校里才能够创造出来。

说来也奇怪，杭州西湖边的灵隐寺前，有一座奇怪的小山，传说就是“飞”来的。

据说东晋成帝咸和年间（公元326年—334年），从印度来的慧理高僧看了这座小山，惊奇地说：“这是中天竺国灵鹫山里的小岭，怎么会飞到这儿来呢？”

又有人说，这和济公和尚有关系。有一天济公心血来潮，算出有一座山要从远处飞来，落在灵隐寺前。那时候这里有一个村庄，济公怕飞来的山峰压死人，就奔进村里劝大家赶快离开。大家平时看惯了济公疯疯癫癫的样子，以为他开玩笑，谁也不理睬他。济公急了，连忙冲进一户娶新娘的人家，背起新娘子转身就跑。大家瞧见和尚抢新娘，气得一窝蜂追出来。这时空中传出一声巨响，一座山峰飞落在灵隐寺前，压住了整个村庄。大家这才明白济公的一片好心，就把这座山称为“飞来峰”。

这座小山周身上下布满了大大小小奇形怪状的洞窟，好像江南园林里玲珑剔透的太湖石，果然和周围的群山不同。人们说它身上无石不

知识点

1. 杭州西湖边的灵隐寺前的飞来峰布满洞窟，和周围的山峰不一样。

2. 这是一座石灰岩小山，是侵蚀残余的山丘，不是飞来的。

3. 四川成都西边有真正的飞来峰。

奇，无树不古，无洞不幽，秀丽绝伦。如果不是飞来的，简直不好解释。从此以后，飞来峰的名气就越来越大了，成为西湖边一处很有名气的景点，善男信女对它顶礼膜拜，整年香火不断。

这座小山又名灵鹫峰，海拔 168 米，在当地也算很高了。加上满山都是大大小小的洞窟，形态和周围别的山峰不一样，自然十分引人注目。

请问，这个故事是真的吗？

当然不是的。山怎么会飞？沉重的小山像远程喷气飞机一样，从遥远的印度飞来，就更加不可思议了。

这是怎么一回事？地质学家看了宣布说：“这是一座侵蚀残余的小丘，不是飞来的。”

浙江杭州灵隐寺旁，飞来峰造像。（唐国增 /FOTOE）

原来这里是一片向斜洼地，附近原本有一片石灰岩山地，经过长期侵蚀风化，都被剥蚀干净了，只在这里留下一座残余的小山。它和周围新出露的砂岩山丘相比较，完全格格不入，当然就会被不懂科学的人当成是飞来的了。

噢，古代外国大和尚的话没有科学家的话可靠，这座飞来峰是假的。

翻开古书看，还有许多被人们传得离奇古怪的会“飞”的山。

一本书上说，浙江绍兴城里有一座怪山，是一个风雨交加的夜晚，乘着一股风“飞”来的。

另一本书上说，山东海边有一座山，本来是一座小岛。海神爷害怕别人偷掉，便用一把锁把它锁在海心里。想不到山神爷看上了它，施展出法术把它搬到陆地上。现在它的身上还缠着一根铁链呢。

第三本书上说，有一天晚上，长安城内响声如雷。天亮后一看，人们不禁倒抽一口冷气。原来天上落下来许多黄土和石块，在城外堆成了一个小山包。

还有一本书上说，西汉成帝在位时，有一颗星星从天上掉下来，落在河南延津境内，成为一座小石头山。

这些书说的都是真的吗？当然没有那回事，都是添油加醋的神话传说。如果这些山都会“飞”,岂不是天大的笑话？如果真有一颗星星掉下来，落在地上成为一座山，恐怕地球早就像恐龙绝灭的时代，生成可怕的“核冬天”，把周围广大地域里的城市房屋和所有的生命统统消灭干净了。

世界上真的没有飞来峰吗？倒也不是。四川成都平原的西边，有一些小山就是真正的飞来峰。原来这里位于西边的西藏板块和东边的扬子板块交界的地方，有一条巨大的断层。西藏板块不断向东移动，边缘部分挤压破碎了，一些破碎的岩块被推向断层东边，盖压在一些小山顶上，成为一个个特殊的山头。它们的时代、岩石成分都和压在下面的不同。这些“外来户”就是名副其实的飞来峰。

虎跑泉的故事

杭州西湖南边的大慈山的白鹤峰下，从前有一座古老的慧禅寺。寺内有一股泉水叫做虎跑泉，水质非常甘洌醇厚，被称为“天下第三泉”。关于它的来历，有一个神奇的传说。

据说，唐宪宗元和年间，有一个名叫性空的僧人住在这里，由于没有水，生活很不方便，便准备离开这里到别处去。那天晚上他梦见了一个神仙。神仙告诉他：“你别走，明天有两只老虎要把南岳衡山的童子泉搬到这里来。”

老虎怎么能把远处的泉水搬来？他心里半信半疑，不敢相信这是真的。想不到第二天真有两只老虎跑来，用爪子一刨，涌出一股清亮亮的泉水，他惊得直发呆。清代诗人黄景仁在《虎跑泉》一诗中说：“问水何方来？南岳几千里。龙象一帖然，天人共欢喜。”说的就是这回事。从此以后虎跑泉的名声就传了出去，招引来许多游客，慢慢出名了。“龙井茶叶虎跑水”，被称为西湖双绝。人们说，用虎跑泉水沏龙井茶，再好也没有了。

知识点

1. 虎跑泉水量大，水质特别好，被称为“天下第三泉”。

2. 虎跑泉背后是一座砂岩大山，岩层朝着山脚倾斜，岩石里的裂隙特别多，所以泉水非常丰富。

3. 虎跑泉里含有丰富的矿物质，水的比重和表面张力都很大，所以硬币不会立刻沉下去。

虎跑泉水有什么神奇？虎跑泉水量汩汩不绝，水质特别优良，对人体有保健作用，轻轻放一个硬币在水上不会沉下去，更加增添了它的神秘气息。

虎跑泉又叫虎刨泉，真是两只老虎挖出来的吗？当然不是

虎跑泉：位于杭州西湖之南，大慈山定慧禅寺内，被誉为“天下第三泉”。（江湖 /CFP）

的。这是一股从山上流出来的天然泉水。原来大慈山是一座砂岩山峰，砂岩本来就透水，加上岩层朝着山下倾斜，岩石里又有许多裂隙，地下水流通起来就更加方便了。这里位于山麓地带，裂隙特别集中的地方。顺着岩层流动的地下水，源源不断流出来，就生成了这股泉水。由于砂岩的过滤性能很好，可以滤去许多杂质，所以水质非常优良。

为什么硬币可以浮在这里的泉水水面上？因为泉水中含有许多矿物质，水的比重和表面张力都比较大。硬币的压力比水的表面张力小，所以就不会立刻沉下去。这是一个普通的物理现象，不是什么传说的神迹。

话说钱塘潮

请问，哪里看海潮最好？

古人说，海潮处处有，青州潮、广陵涛、钱塘潮最好。青州在山东，广陵在江苏，说什么也比不上杭州钱塘江边的钱塘潮。

请问，什么时间看钱塘潮最好？

请在八月中秋月圆的时候来吧。苏东坡说："八月十八潮，壮观天下无。"

请问，什么地点观潮最好？

在海宁市盐官镇观潮最好。这里有三个地点，可以看见不同的潮水。

第一观潮地点在盐官镇东南的一端海塘上。这里的潮水最猛烈，排成一道水墙直冲而来，发出轰隆隆的声响，形成了一线潮，有"海宁宝塔一线潮"的赞誉。

第二个观潮地点在盐官镇东 8 千米处的八堡。由于这里两岸地形不同，造成南边的潮流比北边的快，潮头渐渐分为两段，生成你追我赶的二度潮。有时候冲在前面的潮头还会撞击江岸退回来，正好和姗姗来迟的另一股潮流碰撞在一起，显得更加壮观。

第三个观潮地点在盐官镇西 12 千米处的老盐仓。这里有一道长长的堤坝插进江心，挡住了潮头。潮水一下子翻转猛扑上来，生成了特殊的回头潮，非常惊心动魄。

请问，钱塘潮来时是什么样子？

唐代诗人刘禹锡描写说："八月涛声吼地来，头高数丈触山回。须臾却入海门去，卷起沙堆似雪堆。"

哎呀，钱塘潮有声又有色。它好像一堵突然冒出的水墙，翻卷起滚滚波涛，声如雷鸣，色似白雪，好像千军万马似的，转眼就涌到跟前。站在岸边贪恋这幅景色的人们，稍不留意就会被迎头盖上的潮水浇得一身湿透，甚至还会被潮水卷走，无辜丢失性命。

请问，钱塘潮到底有多高？

它一般有好几米高。最大的潮头竟有 8.93 米，活像一座三四层楼高的房子，真够高呀。

请问，钱塘潮的力量到底有多大？

它的速度达到每秒几米到十多米，会产生巨大的力量。古时候为了镇住潮头，当地人曾经在堤岸上安放一头巨大的“镇海铁牛”。想不到 1953 年 8 月一阵潮水卷来，竟把这头一吨半重的“铁牛”冲到了老远的地方。

请问，钱塘潮是怎么生成的？

浙江海宁盐官，游客争睹壮观一线潮。（陈杰 /CFP）

古人说，没准这是两位含冤的大英雄伍子胥和项羽，一前一后怒气冲冲闯进钱塘江，想要把仇人一口吞掉。

汹涌的钱塘潮当然不是伍子胥和项羽的冤魂鼓起的。这是特殊的地形条件造成的。

原来钱塘江河口像一个大喇叭，最外面的杭州湾差不多有 100 千米宽，到了里面的海宁，却只有 3 千米宽了。涨潮的时候，许多潮水一下子涌进来，就不免会发生堵塞，形成特大的潮水。

除了特殊的地形，钱塘潮还和特殊的季节、钱塘江本身往外涌流的江水、海上的风有关系。

在中秋节前后，月亮正圆的时候，由于月球引力的影响，潮水特别大。恰巧这个时候海上的风也很大，钱塘江的江水也特别大，江水和从江口倒灌的潮水猛烈顶撞，激起了很大的潮头。许多条件加起来，所以潮水就更加汹涌了。东汉学者王充说的“涛之起也，随月盛衰”，就是这个道理，他是最早提出潮汐和月球引力有关系的学者。早在两千多年前，他就揭示了潮汐生成的原理。唐代学者窦叔蒙也指出“潮汐作涛，必符于月”的同步现象。我国古代对潮汐的研究达到世界先进水平，真了不起啊！

知识点

1. 钱塘潮和青州潮、广陵涛并称为中国三大潮。
2. 钱塘潮的潮头最高达到八九米。
3. 钱塘潮的力量很大，甚至可以冲动“镇海铁牛”。
4. 钱塘潮在中秋节前后最大，和月球引力有关。
5. 东汉学者王充是第一个提出月球引力影响潮水的人。
6. 这里不同地点有不同的一线潮、二度潮、回头潮。

潮水的信用

潮水是讲信用的。住在海边的人们都知道，每天涨潮又落潮，是常见的现象。一般情况下，每天涨潮两次，落潮两次。一个涨落潮过程的潮汐周期为 12 小时 25 分，涨落时间非常准确，活像钟表似的。所以唐代诗人李益在《江南曲》中写道："嫁得瞿塘贾，朝朝误妾期。早知潮有信，嫁与弄潮儿。"

看呀，一个商人的妻子，怨恨丈夫老是在外面东跑西跑，不知道按时回家，还不如嫁给一个和潮水打交道的弄潮儿呢。

弄潮儿是怎么一回事？这是迎着汹涌的钱塘潮赶浪的游泳好手。自唐代以来，沿海地区就有这种弄潮的习俗了。到了宋代进一步发展，达到登峰造极的地步。这些勇敢的水上健儿披发文身，手持彩旗和红红绿绿的阳伞，踏着翻翻滚滚的潮流，从一个浪头冲向另一个浪头，展现出高超的技术。北宋真宗时期，一个名叫潘阆的诗人，在《酒泉子》中描写说："长忆观潮，满郭人争江上望。来疑沧海尽成空，万面鼓声中。弄潮儿向涛头立，手把红旗旗不湿。别来几向梦中看，梦觉尚心寒。"

瞧吧，在好像万面鼓响的怒涛声中，这些勇敢的水上健儿敢于在风口浪尖上向潮头挑战，藐视不可一世的钱塘潮，表现出何等英雄气概。

啊，这岂不是现代冲浪运动的老祖宗吗？他们脚下没有冲浪板，而是采用花样游泳式的一种立泳技术。他们使用精湛的技艺，

1. 潮汐活动有周期。

2. 一般情况下，潮汐周期是 12 小时 25 分 12 秒。

3. 由于日月引力对地球的影响，产生了潮汐的年、月、日周期。

2013 年 8 月 9 日下午，浙江海宁大缺口段壮观碰头潮。（陈杰 /CFP）

把冲浪运动和花样游泳结合起来，挑战的是比一般海浪更加凶猛的钱塘潮，比现代冲浪运动员的胆量更大，本领更加高强。

提起潮汐周期，就不由得想起唐代学者窦叔蒙。他在唐代宗大历年间（公元 766 年—779 年）写的《海涛志》中，利用中国古代天文历算方法进行潮时的推算，算出 28992664 日中，潮汐发生 56021944 次。由此可见潮汐周期约为 12 小时 25 分 12 秒多，和现在通用的半日潮周期数值几乎一模一样。他还编制出《涛时推算图》，可以非常方便查出当天的高潮时间，比欧洲最早的“伦敦桥涨潮时间表”早 400 多年。他又计算出正规半日潮区的潮汐年、月、日周期，指出“一晦一明，再潮再汐”，一天之内有两个潮汐周期；提出“一朔一望，载盈载虚”，一个朔望月里有两次大、小潮;以及“一春一秋，再涨再缩”，一年内也有两次大潮和小潮。根据日、月在天体视运动的差异，推算出春季大潮和秋季大潮发生的时间，阐明了分点潮。窦叔蒙提出这样丰富的潮汐科学原理，被誉为世界上最早的潮汐学家。

噢，为什么潮汐守信用？原来这是月球和太阳引力对地球上的潮汐的周期性影响呀!

失信的潮水

人们都说潮水最守信用。潮水真的守信用吗?

那才不一定呢，请听一个故事吧。

南宋快要灭亡的时候，恭宗德佑二年（公元 1276 年）二月，元军兵临杭州城下。这些从蒙古高原来的兵将不知道潮汐的厉害，牵着马在江边的沙滩上扎营。杭州老百姓暗暗高兴，盼着赶快涨潮，把敌人一下子冲卷得干干净净。谁知潮水居然接连三天不来，蒙古骑兵在河滩上骑着马来回奔驰，好像没事似的。杭州城内的南宋军民大吃一惊，以为宋朝的气数已尽，天助元朝灭宋。

无独有偶的是元朝最后的时刻，惠宗至正二十七年（公元 1367 年），钱塘江也不涨潮，只是江面略微动荡了几下子。所以明朝一个名叫田汝成的人叹息道：“昔宋末海潮不波而宋亡，元末海潮不波而元亡，亦天数之一终也。”

事情还没有完呢。更巧的是明朝末代崇祯皇帝上吊自杀后，清世祖顺治二年（公元 1645 年）六月，清兵在多铎的带领下打到了杭州，也在江边河滩上驻扎。明军以为潮水一来就会淹没敌人，想不到一连几天都没有大潮水。江水只是微微上涨，刚淹着马肚皮。清兵顺利渡江，不费吹灰之力就占领了杭州。

咦，这是怎么一回事？难道潮水真的和胜利者配合，帮助他们打胜仗吗?

当然不是真的。其实钱塘江潮水“失信”的事情还有很多呢。这几次潮水不涨，只不过是巧合而已。

根据不完全记载，元代至正十二年（公元 1352 年）、十三年（公

2011 年 8 月 30 日，钱塘江大潮如期而至，潮头冲击堤岸，潮水到达萧山美女坝后，经过碰撞翻越护栏，冲向看潮的市民。（李中 /CFP）

元 1353 年）、二十年（公元 1360 年），明代嘉靖十三年（公元 1534 年）、二十六年（公元 1547 年），清代乾隆三十一年（公元 1766 年）、道光二十一年至二十五年（公元 1841 年—1845 年），都出现过潮水失信的现象。明代有人专门给这个现象取了名字，叫做“冻死潮”和“晒死潮”。

为什么有名的钱塘潮会失信？和这里的地形变化有关系。

唐宋时期钱塘江河道很直，潮水可以一直冲到杭州，所以杭州一带的潮水势头非常强劲。后来杭州湾北岸逐渐后退，南岸逐渐向前推进，河道变得弯曲，长度也增加了，所以潮头到达的终点也后退了，很难到达杭州城下。

涨潮的时候，潮水带来大量泥沙堆积在江口，全靠钱塘江的洪水把泥沙冲走。遇着干旱的年份，上游来的河水很少，没法冲动河口的泥沙。这些泥沙挡住了潮水，杭州湾里的潮水也就小了，甚至没有，从而造成潮水失信的现象。

“冻死潮”说的是冬季枯水季节，上游来的河水少，不能冲动河口泥沙，因而导致潮水失信。“晒死潮”说的是干旱季节，同样河水太少，造成潮水失信现象。

潮水“失信”和朝代更替没有一丁点关系。1978 年和 1979 年连续干旱，也曾经造成同样的现象。人们慕名而来，到海宁观潮，觉得钱塘潮名存实亡，不由大大扫兴。

进入 20 世纪 80 年代，钱塘江流域降水量增加，江水也大大增加，把河口的泥沙冲得干干净净，潮水就能长驱直入，来势非常凶猛，一直冲过杭州，甚至还发生过打翻船只、掀翻汽车的事件。

知识点

1. 钱塘江潮也有失信的情况。

2. 钱塘江潮水失信和地形变化及气候变化有关系。

3. 钱塘江来水比较少的季节，不能冲刷河口泥沙，潮水就不能进入河道深处。

莫干山剪影

雾蒙蒙的，夜来的凉气还没有散尽。虽然山中已经传出了一些鸟鸣，莫干山却还没有完全醒过来。

这时候看莫干山，只能瞧见一个朦朦胧胧的剪影。起起伏伏的山头，都浸泡在一团白蒙蒙的雾里，人们只能瞧见它的大致轮廓，看不清它的真实面容，活像一幅隔着毛玻璃看到的室外风景。

噢，这是一个慵懒的美人，刚刚半睁开眼睛，鬓发蓬蓬松松的，还没有对镜梳妆的模样吧？清幽灵秀的莫干山，本来就是出越中美女的地方呀！哪一个美女不是比照着它的样子，慢慢成长起来的？

这时候进山去看莫干山，是最好的时辰了。踏着一级级青石板铺砌的石梯，顺着弯弯曲曲的山路，一步步走进深山里，才能体会莫干山的真实神韵，瞧见它那最清纯的本来面目。

你看见了什么？

此时身在山中，已经不能看见山的全貌，只能瞧见远处雾中偶然露出的一个个峰峦侧影和一道道线条柔和的山坡。近处一面崖、一座桥、一块石、一根滴露的细竹枝，而这一切并不是都能够看得清清楚楚。所有的形象都被浓浓淡淡的雾气包裹着，被稀稀密密的竹叶竹枝遮掩住，难得睹见真面目。

知识点

1. 莫干山以“竹、云、泉”闻名，拥有全国最大的竹海。

2. 莫干山松竹工艺品也很有名。

你听见了什么？

耳畔一阵阵悠忽的山风，一声声清脆的鸟鸣，加上时而清晰、时而模糊的山涧溪流声响，汩汩涌出的神秘泉声，远远近近风里的竹海模糊低吟，好似一

浙江湖州莫干山秋色。（磐竹视觉 /CFP）

首灵快的乐曲。

你嗅着了什么？说不出名目的花香、草香，沁人心脾的嫩竹清香，给这幅音乐诗画增添了几分特殊的气息。

啊，竹呀！身临此处才能感受到莫干山的竹，几乎无处不在，给出了一道它的主旋律。竹是君子，满山翠绿的莫干山就是君子山。拜访一个隐居的君子，何须骄阳正盛时，清晨人静时分岂不正好？

是呀，这就是莫干山最美的时辰。在这惺惺忪忪、半睡半醒时看它最好，才最有灵性。模糊才是美，朦胧才是美的极致。何须醒中去看它，看得那样仔细？

莫干山位于杭州西北边的安吉县境内，是天目山的余脉，因传说春秋末年干将莫邪在这里铸剑而得名。这里以竹、云、泉“三胜”和清、静、绿、凉“四优”而驰名。山中竹的品种多、品位高、覆盖面积大，列于全国之冠。有紫竹、方竹、毛竹、斑竹、单竹、孝顺竹、龟背竹、花毛竹等许多品种，简直就是一个竹的世界。

桃花流水鳜鱼肥

湖州在哪里？在太湖边呀。这个古老的县城一边靠着太湖，一边靠着山，一条条小河像微血管似的从山边流出来，生成一片片浸漫了水的池沼，静悄悄流进水汪汪的太湖。一切都是那样平静、那样自然，弥漫着祥和的景象。

这个平静的天地里有什么？不消说，这里有花有树，有鸟也有许多鱼，呈现一派生机蓬勃的样子。

啊，这里真美呀！

唐代诗人张志和写了一首《渔歌子》，吟唱道："西塞山前白鹭飞，桃花流水鳜鱼肥。青箬笠，绿蓑衣，斜风细雨不须归。"

请看，春天的西塞山前平原上，密密一片水网，掩映着桃花，风光多么美丽。静静流淌的水里，藏着生动活泼的鳜鱼。掠过密密的树林，水汪汪的小河小湖上，低低飞着一双双白鹭。风细细，雨飘飘，一个老渔翁戴着斗笠、披着蓑衣，站在岸边动也不动一下，完全融进这幅天然图画里了。读着这首诗，人们不禁会产生遐想，这个老渔翁打算干什么？是打鱼、抓鸟，还是什么也不做，完全被眼前的景色迷住了？招引着千年后的我们，也想走进这首诗、这幅画里，欣赏这幅天然诗画，参透这个谜。

喂，朋友，你想吗？不管你想不想，我的心可经不住诱惑了。

啊，这是一幅生动的春天图画，也是一条生物食物链的最形象化的解释。

这首诗里写出了"白鹭""桃花"和"鳜鱼"，它们之间有什么联系？

知识点

1. 西塞山前的平原就是一幅水乡风光画。

2. 桃花、鳜鱼、白鹭组成了一条食物链。

鳜鱼：又叫桂鱼、鳌花鱼，属于分类学中的脂科鱼类。（陈巧瑜 /FOTOE）

其中值得注意的是鳜鱼。

鳜鱼，又叫桂鱼，有锋利的牙齿，是一种生活在淡水河流、湖泊里的非常凶狠的肉食鱼类。它在水里游来游去，抓别的鱼虾吃。

为什么“桃花流水鳜鱼肥”呢?

让我们来设想一下，在这个温暖的季节，水里的水草丰富，营养物质特别多，别的鱼虾大量繁殖。这样一来，就给食肉的鳜鱼提供了食料，它也就“肥”了。

为什么这里有许多“白鹭飞”呢?

我们再设想一下，白鹭不会无缘无故在这里飞来飞去。它们是抓鱼吃的水禽，准是瞅准了水里有许多包括鳜鱼在内的鱼，才在这里飞来飞去找鱼吃的。

诗人没有说透食物链的现象和原理。可是他的细致观察和描写，却十分自然地泄露了食物链的秘密。我们仔细开动脑筋一想，就能想明白这个道理。

普陀山的传说

舟山群岛里有一座名扬四方的小岛，就是号称“海天佛国”的普陀山，是我国四大佛教名山之一。

古时候，日本以中国为师，什么东西都要从中国运回去。五代后梁末帝贞明二年（公元916年），日本高僧慧锷从山西五台山搬运一尊观世音菩萨圣像回国，历经千辛万苦，穿过当时南北纷争的前线，来到今天的宁波上船准备起航。想不到他穿越南北军事分界线也没有遇着障碍，顺着海岸行驶到这里突然遇见大风浪，海面上冒出几百朵铁莲花挡住了去路。

这个日本和尚满脑瓜迷信，眼见这艘载运观世音菩萨像的船受到阻拦，以为观世音菩萨不愿意离开中国过海到日本。于是他就跪倒在船头，默默祈祷观世音菩萨指示，准备在船最后漂流到的地方修建一座庙宇供奉。不一会儿，海上的铁莲花消失了。船漂流到了普陀山的岸边，慧锷就在这里的紫竹林里建立一座庙宇，供奉这尊从五台山带来的观世音菩萨圣像，命名为“不肯去观音院”。从此这里香火旺盛，成为佛教圣地。由于舟山群岛风浪很大，不仅虔诚的香客不远千里从四面八方前来参拜，出海的渔夫和水手也要到这里来，请求救苦救难的观世音菩萨保佑，想象中的观世音菩萨也就顺理成章地成了这里的海上保护神。

普陀山成名后，这座小岛上的许多景点也

知识点

1. 普陀山是舟山群岛的一个小岛。
2. 舟山群岛是台风经常活动的区域。
3. 这里有许多水下暗礁。
4. 这里有海浪长期冲蚀形成的海蚀洞，潮水冲进洞内能够发出巨大声响。
5. 岛上的泉水没有泥沙沉淀，特别洁净。

浙江舟山普陀山一景。（陈卓辉 /FOTOE）

沾上了神迹。例如岸边的梵音洞，每逢涨潮的时候，就会传出一阵阵奇异的响声，被认为是观世音菩萨在讲经说法，或者千僧诵经，成为一处神迹。岛上还有一个小水潭，被认为是观世音菩萨布施的圣水，可以治疗眼病。据说明武宗正德年间，皇太后还专门派人来取水，真的使她的眼睛康复了，便将其命名为光明池。

普陀山的神话当然不可靠，不过通过传说故事可以透露出一些科学事实。舟山群岛是台风经常活动的区域，每年夏秋之间出现巨大的风浪一点也不奇怪。那个日本和尚遇着的，必定就是台风一样的海上风暴。

海上哪有什么“铁莲花”，必定是水下暗礁出露，挡住了船的去路。

海潮怎么会念经？不消说，那就是涨潮时候的潮水冲击海蚀洞发出的巨大声响。

所谓可以治疗眼病的神泉，不过是一股普通的泉水，只不过岛上没有泥沙沉淀，水质特别清亮罢了。

水胡同象山港

啊，象山港。瞧着它，人们不禁会问，这是海，还是江？一条直筒筒的水胡同，从开阔的外海笔直插进陆地，弄不清它到底是什么东西。

说它是江，水面怎么这样宽阔？喝一口水，咸得没法进嘴巴。明明是海水，哪是什么江？

说它是海，为什么走了老远还是一样宽，好像一条河谷？

没准是一个海湾吧？

噢，看来看去又有些不像。常见的海湾都是从里向外开放的，张开一条弯弯的弧线，怎么会是这个样子的水胡同？如果真是海湾，也是一个特殊的海湾。

管它是海还是江，顺着它划进去看一下吧，没准能够发现它的秘密。

好奇的人们划着船，顺着象

浙江宁波，新建的象山港大桥。（东海水 /CFP）

山港慢慢往里前进，只见两岸环绕着低矮的山冈，夹峙着中间宽阔的水面，景色没有太大的变化。一直走到尽头才发现，原来这是一个死胡同。

人们边走边测量，测出它大约 50 千米长，6 千米多宽，水深 8 米左右。没有一条像样的河流流进来，潮水却能一直涌进它的最深处，难怪水是咸的，和海水一模一样。

啊，这个地方实在太离奇了，里面可以藏着整整一支舰队，用来作为海军基地才好呢。

是呀，古往今来有眼光的政治家和军事家都注意到它了。明代抗击倭寇的时候，就曾经在这里设立两座海防要塞，夹峙在它的两岸以保护内地的安全。明末抗清将领张煌言也曾经在港内的港牌山屯兵，作为抗清的基地。孙中山先生怀着极大的热情，也在《建国大纲》里计划把它开辟为东海的重要军港。

象山港是一个狭长形的半封闭海湾，口外有六横岛等众多岛屿作为屏障，港阔水深，形势十分险要，是一个天然的大港。

为什么它从里到外都一样宽？为什么它从东北伸展至西南，不拐一个弯，好像一条直筒筒的水胡同？这和它的地质构造有关系。原来这儿本来是一个顺着东北—西南向的构造线延伸的山谷，由于地壳下沉，海水浸漫进来，淹没了山谷才形成了水胡同似的海湾。

噢，原来这是下降式海岸的典型代表呀！浙江海岸基本上都是这种类型，由于山丘紧逼大海，一条条山谷下沉后，就生成了一个个胡同式的海湾，象山港就是最好的代表。

知识点

1. 象山港形状非常奇特，是一个半封闭海湾，好像一个水胡同。
2. 象山港港阔水深，是停泊舰队的理想港湾，古往今来都是海防要地。
3. 象山港周围是山，是山中河谷下沉后，海水浸漫生成的。
4. 浙江沿海基本上都是同样的下沉式海岸。

来自舟山渔场的消息

寒潮来了，舟山群岛的带鱼汛又开始了。

我随着一艘捕鱼船，顶着寒风驶进大海。尽管海上风浪很大，驾船的老渔夫却喜气洋洋，摩拳擦掌准备大干一场。

我问他："你这样高兴，有把握找到水里的带鱼吗？"

老渔夫边掌着舵边笑嘻嘻地说："放心吧，不管带鱼多么狡猾，也逃不过我的眼睛。我已经准备好了，不装满舱不回去。"

我好奇地问："为什么带鱼这时候来？"

老渔夫说："这是西北风把它们带来的。带鱼原本分散在黄海和长江口附近，西北风一起，刮着海水往南流，它们也随着海流移动到这儿来了。"

我再问："这次鱼汛的时间长吗？"

老渔夫说："从立冬开始，到第二年的雨水和惊蛰，整整有三个月的时间，可长啦！"

我不明白，接着问："大海这样宽，怎么才能找到海里的带鱼呢？"

老渔夫说："有办法！咱们的祖辈有两句老话，'日伏夜浮，清伏浑浮'，只要掌握好时间，就能十拿九稳找到它们。"

什么是"日伏夜浮"？说的是白天水温高，带鱼藏在水下面，到了清晨和傍晚水温降低，它们就会浮起来。

什么是"清伏浑浮"？说的是海水清的时候，带鱼藏在

知识点

1. 舟山群岛每年有两次大鱼汛：冬季的带鱼汛和夏季的墨鱼汛。

2. 带鱼汛期很长，足足有三个多月。

3. 带鱼喜欢冷水和清水。

4. 墨鱼喜欢在礁石里产卵。

浙江舟山渔场。（黄欣提供 /FOTOE）

水下面。寒风把浅海海底的泥沙翻搅起来，水变浑了，带鱼就会浮起来。

为什么这样？我有些不明白。

老渔夫说："这个道理还不简单么？带鱼喜欢冷水和清水。白天太阳把海水晒烫了，风把水搅浑了，带鱼受不了，就会东钻西钻。只要瞧准了，一网打下去，它们就逃不了啦。"

这时候正是黄昏，一轮落日慢慢从海上沉下去，水面温度下降了不少。一股风吹来，把海水卷起，一些地方变得非常浑浊。老渔夫瞅准了一片清水，连忙撒下渔网，果真捞起了一网带鱼。

舟山渔场一年有两次鱼汛，一次是冬天的带鱼鱼汛，一次是夏天的墨鱼鱼汛。夏天到来的时候，温暖的东南风吹来，带来许多墨鱼。墨鱼喜欢在礁石边产卵，在水里游得很慢，很容易被抓着。有两句渔谚说："海上连日东南风，墨鱼匆匆入山中。"说的就是这个道理。

喧闹的渔场

我在舟山渔场随船调查，望着眼前茫茫大海，不知道鱼群藏在哪里，心中有些迷惘。

驾船的老渔夫笑眯眯地说："别性急，鱼自己会告诉我们。"

啊，这可奇怪了，鱼不是傻瓜，怎么会自己向渔船报告行踪？老渔夫

浙江舟山，三千艘渔船扬帆出海开渔。（胡社友 /CFP）

一脸诡秘的笑，叫我琢磨不透他的玄机。

小渔船顶着风浪越划越远，还没有一丁点鱼群的消息，我有些急了。老渔夫却一副胸有成竹的样子，一点也不着急。他一会儿站起来朝远处瞭望，一会儿趴下去，把耳朵紧紧贴着船板，不知道在听什么声音。

我问他："喂，你在听什么？听海水的声音吗？"

他摇摇头，满脸神秘兮兮的表情。

我又问："是不是咱们的船有些不对劲？"

他又摇摇头，竖起手指叫我别出声。

这可奇怪了，他是不是发了病？瞧他红光满面的，又不像生病的样子呀。

我忍不住再问："你到底在听什么？莫非你在偷听鱼说话不成？"

这一次猜对了。他微笑地点点头说："对啦，鱼在报告它们自己的消息呢。"

他接着招了一下手，说："你不信，自己听吧。"

我经不住诱惑，满怀好奇地趴下去，把耳朵贴在脚下的船板上。不听不知道，一听吓一跳，只听见水里传来一阵阵呜呜哼哼的奇怪声音。

咦，这是什么声音？

老渔夫说："这就是我们都熟悉的黄花鱼发出的声音呀！"

我觉得奇怪极了，好奇地问："黄花鱼都是这样叫吗？"

老渔夫说："那可不一定。它在产卵的时候才发出这种声音。产卵以前'沙沙''吱吱'乱叫，产卵后又非常满足地'咯咯'叫。"

我越想越觉得奇怪，鱼没有气管和舌头，都是天生的哑巴，怎么会在水里发出声音呢？

老渔夫说:“我只知道鱼会说话。它们是怎么说话的，我也不知道呀！这个问题，你还得问专家。”

我从舟山渔场归来，带着问题请教有关专家。

一位研究员放了一段录音，里面有各种各样的鱼发出的声音。

录音里传出一阵“吱吱”的鸟叫声。

他解释说：“这是一群小青鱼游过来发出的声音。”

一会儿又传出“咚咚”响的鼓声。

他解释说：“这是驼背鳟鱼在找朋友。”

一会儿又传出树叶沙沙响的声音。

他解释说：“这是黑背鲲发出的声音。”

又过一会儿传出一个奇怪的声音，好像谁在打鼾。

他解释说：“这是刺鲀鱼发出的声音。”

接着传出一群小蜜蜂的嗡嗡叫声。

他解释说：“这是小鲶鱼游泳的声音。”

再一听，听见小狗汪汪叫的声音。

他解释说：“这是箱鲀，不是小狗。”

最后听见老母鸡下蛋的“咯咯”叫声。

他解释说：“海里哪有老母鸡，这是黄姑鱼发出的声音呀。”

我好奇极了，忍不住说：“啊，想不到捕鱼还有这一招。只消把耳朵贴着船板，就能听见不同鱼群发出的声音了。”

知识点

1. 有的鱼能够利用身上特殊的器官发出声音。
2. 不同的鱼类发出的声音不一样。
3. 根据不同鱼群发出的特殊声音，可以分辨出鱼的种类和数量。
4. 使用声呐侦察鱼群是一个新办法。

千岛湖之秋

秋深了，千岛湖更加迷人了。

秋天的清晨，湖上笼罩着一团团薄薄的雾气。湖面上的一串串小岛沉浸在雾霭中，远远近近，忽隐忽现，编织出一幅如烟似梦的画面，宛如宋人的水墨山水写真，激发起人们无限遐想和一种说不出的朦朦胧胧的情思，让人们对这里产生更大的兴趣。

啊，这是什么？就是千岛湖之秋的诱惑吧？

这时候你还想看清楚湖面有多宽阔，数清楚湖上有多少小岛吗？只怕想数也数不清了。其实千岛湖本来就很宽阔幽深，难以一眼看穿。湖上大大小小的岛屿成百上千，压根就不能一下子数清楚。即使一个有心人，到了此时此刻，也难以一一数计了。

划吧，划吧，穿过湖上秋雾，一桨桨朝湖水深处慢悠悠划去吧。别问划到了什么角落，别打听面前显露的小岛叫什么名字。只要顺其自然慢慢往前划，划进最深最深的地方，就能寻觅到意外的乐趣。

雾中的千岛湖十分神秘，有的是意外的惊喜。

划呀划，迎面出现一座座不知名的小岛，变幻着一幅幅风景，就够使人惊喜了。如果紧紧贴着岛岸划，忽然随风飘下一片黄叶，好似湖上秋仙子的金色名片，一直飘落进你的怀里，能不觉得惊奇吗？

知识点

1. 千岛湖建成于1959年，是新安江上游的一个水库。
2. 千岛湖有1078个小岛。
3. 千岛湖除了有一般水库的功能，还能调节气候。
4. 千岛湖已经成为候鸟聚集的地方。

浙江淳安千岛湖风光。（吴宗其 /CTPphoto/FOTOE）

手握着船桨一下又一下划着，几只野鸭忽然从蒙蒙水雾中惊起，伴着一声声嘎嘎的叫声，拍打着翅膀扑簌簌飞上天，能不感到有些意外吗？

秋已经深了，湖上怎么还有水鸟？为什么还不结队飞向温暖的南方？这也是一个令人迷惑的问题。

别问千岛湖，它不会回答的。只要在这里寻觅到自己的情趣就行，还有什么好问的？

千岛湖在哪里？在浙江省淳安县境内（部分位于安徽歙县）。浙江是古往今来许多诗人墨客的故乡，不知有多少人游遍了浙中山水，留下许多游记和诗篇。

大旅行家徐霞客的老家也紧紧挨着浙江，这里是他的天下游起步的

地方。可是翻开著名的《徐霞客游记》和别的记载，包括从前的地图，压根就找不到这个地方。说来也不奇怪，因为千岛湖是一个新生儿，1959年新安江水库建成后，才出现在大地上。

噢，原来千岛湖是新安江上游的一个巨型水库呀！难怪古人没有一个知道它。水库淹没了一条条山谷，露出一个个高高低低的山头，就形成了一座座湖上小岛。

千岛湖有1078个大大小小的岛屿，所以叫做这个名字。从前浙江最大的湖泊是杭州城边的西湖，千岛湖出现后就远远超过了它。千岛湖水域面积573平方千米，比杭州西湖大100多倍，蓄水量178.4亿立方米，相当于3184个西湖的容量，一下子就成了浙江省的“湖老大”。

千岛湖灌满了水后，不仅可以发电、灌溉，也像一个巨大的人工水肺，可以调节气候，还招引来无数南来北往的候鸟，成为一处难得的水鸟繁殖地。

雁落山顶芦花荡

萧萧瑟瑟的秋风，吹拂起一片萧萧瑟瑟的芦苇，惊起一群群已经睡着了的大雁。它们拍打着翅膀“嘎咕嘎咕”叫着，低低掠过贪恋夜色的游客的头顶。

这是什么地方？是平原低处水汊纵横的芦苇塘吗？

不是，这不是普通芦苇丛生的地方，而是一个高山顶上的芦花荡。每年秋雁南飞，看上了这个地方，成群结队在这里歇息。这座山因为有“雁”、有“荡”，所谓“岗顶有湖，芦苇丛生，结草为荡，秋雁宿之”，干脆就叫做雁荡山。

雁荡山哪，雁荡山，多么稀奇古怪的地方。在这里看雁，看云里雾里的芦花荡，岂不有飘飘欲仙的感觉？

浙江温州乐清雁荡山灵峰景区（雁荡山世界地质公园）。（黄琼 /FOTOE）

是呀，天下名山有的是，哪座山有这种山顶芦花荡的奇异风光？如果这还不能称奇叫绝，就没有奇绝的地方了。

雁荡山有它自己的独特风格，招引来四面八方的游客。白天看日出，看云海，看近在咫尺的东海波涛。晚上在朦胧月光下欣赏风里飘曳的芦苇，寻访大雁的秘密营地，听呜呜咽咽的芦花荡小夜曲，更加充满诗情画意。人们说它“日景耐看，夜景销魂”，就是这个意思。

知识点

1. 雁荡山是坚硬的火成岩形成的，所以山势陡峭。

2. 雁荡山顶有小湖和沼泽分布，生长着大片芦苇。

3. 雁荡山顶的芦花荡是大雁栖息的好地方。

曾经三上雁荡的明代大旅行家徐霞客面对莽莽苍苍的雁荡山，不由得深深叹息说：“欲穷雁荡之胜，非飞仙不能！”

是呀，要看高高的雁荡山，俯瞰山顶的芦花荡和藏在芦苇深处的大雁，没有一双神仙一样的翅膀，怎么能够看清楚呢？

喂，朋友，你问雁荡山吗？这里有两个雁荡山。一个在温州北边的乐清市境内，叫做北雁荡山；一个在温州南边的平阳县境内，叫做南雁荡山。加上西边的西雁荡山，东边海上洞头列岛的东雁荡山。四面八方群山起伏，范围就更加宽广了。

北雁荡山主峰雁湖岗海拔 1056 米，古书记载：“上有湖，方可十里，水常不涸，秋雁归时多宿于此。”南雁荡山主峰明王峰，海拔 1077.7 米。奇怪的是，明王峰的山顶也有一片泥塘沼泽，同样也是秋天大雁栖息的地方，只不过这里的水面泥塘不如北雁荡山的雁湖那样深、那样宽阔罢了。

南、北雁荡山是怎么形成的？地质学家说，这都是坚硬的中生代火山岩构成的，能够抵抗风化剥蚀，高高突起在海边，生成陡峻的山峰、挺拔的峭壁、形态奇特的怪石，装点出特殊的风景。

为什么山顶会有湖泊沼泽？这是岩石表面的洼地慢慢积水形成的。由于这里的岩石不容易透水，所以积水可以长期保存下来。有了水和泥土，还能不生长喜湿的芦苇吗？有了水和芦花荡，还能不招引南飞的大雁吗？

南北分界线——淮河

人们常常说："你是北方人，我是南方人。"

请问，北方和南方的界线怎么划分？

地理学家说："这好办！横贯我国中部的秦岭和淮河，就是划分南北的天然界线。"

是啊，又高又长的秦岭山脉，连着东边的余脉大别山，好像一道挡风

淮河安徽淮南段油菜花飘香，春景如画。（CFP 供稿）

墙。它挡住了寒冷干燥的西北风，也挡住了温暖潮湿的东南风，山南山北的自然风光和生活习惯都不一样。可是这道山墙并没有把中国大地遮挡完，东边还留了一个明显的缺口。大别山向东边延伸越来越低矮，进入安徽境内就渐渐消失了。往东一片低矮的丘陵和广阔的平原，怎么能够挡住威力强大的西北风和东南风？

别急，这里还有一道淮河“防线”。

哈哈，这可奇怪了。流淌在平原上的一条河，不是高高耸起的大山，怎么能够挡住空中自由自在的风？

说来也奇怪，想不到淮河真有这样的魔力。

你读过《晏子春秋》吗？春秋时期有名的齐国宰相晏婴，不仅是大政治家，也是一个善于观察自然情况的学者。他在这本书里说：“橘生淮南即为橘，生于淮北则为枳。”

这话是什么意思？说的是淮河以南的橘子，过了淮河就变成了枳。两者的味道大不一样。

当然，甜味的橘和酸味的枳，只是外表相似的两种果子。两千多年前的古人分不清，把它们弄混了，误以为枳是橘受寒而变的。可是这至少说明了一个问题。淮南只有橘，没有枳；淮北只有枳，没有橘。这可是实实在在的情况。

为什么这样？淮河南北不仅土壤不同，气候条件也悄悄发生了变化。自然环境存在差别，生长的果子当然也就不一样了。

自然环境的变化，在人们的生活中打下了深深的烙印。北方人吃面，南方人吃大米,风俗习惯大不相同。南方和北方,就这样自然而然划分开了。

淮河发源于河南桐柏山，位于黄河和长江之间，干流全长大约 1000 千米，流域面积约为 27 万平方千米。翻开地图看，我们会发现一个奇怪的现象。它的南边支流又少又短，北边支流又多又长。有趣的是一些支流几乎发源在黄河边，仿佛是黄河水漫过河堤流出来的。

为什么这样？因为黄河下游是一片大平原，河床比两边的平原还高，形成朝两边平平倾斜的斜坡。下雨后，地面的雨水集中起来，就成为淮河的一条条支流了。这样奇怪的河流，走遍全世界也难以找到第二个。

从总的情况来看，淮河流域正好处在多雨的江南地区和少雨的华北地区之间的过渡地带，淮河南北不仅年降雨量变化大，雨季和旱季也正好相反。在农作物开始生长的春天，淮河以南被温暖潮湿的南方气团控制，春雨绵绵，雨季很长，雨量很大，适合种植水稻；淮河以北的春天还在干冷的北方气团控制下，处在少雨的旱季，适合种植耐旱的冬小麦，所以形成了“南稻北麦”的粮食生产分布大格局。

噢，明白啦。为什么流淌在平原上的淮河也和秦岭一样，成为分开南方和北方的自然界线，是气团活动造成的影响。

知识点

1. 秦岭—淮河一线是划分中国中东部南方和北方的界线。

2. 淮河南北春季的气团性质不一样，是划分南北的重要原因。

3. 淮河南北的自然环境不同，形成了“南稻北麦”的粮食生产和生活习惯的差别。

4. 淮河北边支流多，发源于黄河河床旁边的斜坡上。

巍巍黄山松

松树，多么平常的针叶树，可是黄山的松树就很不平常。人们给黄山的松树专门取了一个名字，干脆就叫做黄山松。凡是到过黄山的人，没有不赞叹黄山松的。

黄山松有什么特点，值得人们这样赞赏？

请你自己上黄山去看吧。刀砍斧削般的绝壁上，狭窄幽深的石头缝里，猴子几乎也没法攀登的悬崖顶，常常出乎意料地冒出一棵棵挺拔的黄山松。有的迎着山风屹立着，有的翻转身子倒挂着，树形十分奇特。

安徽黄山迎客松。（alchemist/FOTOE）

清代诗人郑板桥在《石竹图》中说："咬定青山不放松，立根原在破岩中。千磨万击还坚劲，任尔东西南北风。"如果把诗中的"竹"改为"松"，就正好写出了黄山松的生长特点。

你看它，在光秃秃的岩石上盘根错节，根系密如蛛网，尽全力吸收养料和水分，不放弃一丁点生存的机会。

你看它，为了生存下去，不惜改变通常的树形。有的树冠被压得又扁又平，有的树身变得弯弯扭扭，有的树形完全歪曲，简直不像一棵树的样子。

你看它，植根在几乎没有一丁点土壤的破碎岩缝里，傲然顶着凛冽的山风，顽强挣扎生长着，默默地表现出生命的最强音。

你看，山愈高，石愈坚，天愈寒，崖愈危，它也愈益生机勃勃，愈益外形奇特，显示出一派永不屈服的大无畏精神。说它是敢于面对恶劣环境的挑战者和永不屈服的勇士的化身，一点也不错。

为什么黄山松能够在光秃秃的岩壁上生长?

首先要说明的是，岩石并不是铁板一块，经过日晒雨淋、热胀冷缩，很容易沿着岩石内部的层面，或者别的原生破裂面，产生一条条裂缝。随着风化作用继续进行，裂缝越来越大，黄山松就有可能在石缝里生长了。

其次要说明的是，它的根穿插得很深很深，能够把岩石裂缝慢慢撑开，使裂缝变得越来越大。这是一种特殊的生物风化作用。生物风化作用不仅可以像物理风化一样，使岩石裂缝进一步扩宽加深，还能够分泌植物酸，使岩石加快风化"腐烂"，生成一些土壤。加上它还能从空气、雨雪中吸取养分。有了土壤、空气、水分，顽强的黄山松难道还不能够生长吗？它克服了种种难以想象的困难，在悬崖绝壁上生存，创造出生命的奇迹。

知识点

1. 黄山松是生长在特殊的黄山高寒环境里的松树的通称。
2. 黄山松能够克服恶劣条件，在石缝里萌芽生长。
3. 为了适应环境，黄山松能够改变自己的外形。

擎天一柱天柱山

有一个考察者，来到安徽省西南部的潜山县，远远看见一个奇怪的东西，吓了一大跳。

哇，那是什么？一根又粗又大的石头柱子，笔直伸进云霄。别说一个人没法抱住它，来个几十百把人，也甭想牵手抱住。

考察者虽然谈不上学富五车，可以前比诸葛亮，后比刘伯温，但也是堂堂大学本科毕业，文凭经得住打假办检查考验。他后来成了考察者，到处走南闯北，见识逐渐增多，算得上小小的文化人了。可是抬头望着这根大石头柱子，考察者心里直发毛，不知道这是什么东西。他挖空了心思实在想不出来，只好端起数码相机连拍几张照片，通过电子邮件向专家紧急求救。

一位教授看了照片，不由得精神大振，万分激动地对考察者说："感谢你，立下了大功劳。这必定是当年洪荒时代留下的擎天柱之一。那时候水神共工和火神祝融争斗，打得天昏地暗，日月无光。共工打输了，气得一脑袋撞倒一根擎天柱，立刻天倾东南。日月星辰朝那边倾斜，地上大小河川也奔流向东。后来女娲斩断一只大海龟的四只脚，才重新竖立起柱子，撑起了天空。她又用五色石子补好了天，整顿好天地秩序。这必定是当时留下的一根擎天柱，被你发现了，赛过哥伦布发现新大陆。我代表全人类祝贺你，真了不起！"

一位研究员也无比激动地说："哎呀！这是变成化石的扶桑木呀！这棵大树在东方，古时候树上有九只金乌鸦。你知道什么是金乌鸦吗？就是太阳呀！每天一个个轮流飞起来，照耀世界，把光明布施给四面八方。从前这是一个谜，谁也不知道它在什么地方。想不到被你找到了，可喜可贺！"

云海上的天柱山天柱峰。(单晓刚 /CTPphoto/FOTOE)

一位博士看了，也万分激动地说："什么擎天柱、扶桑木，全是胡扯淡。人间哪有这样的东西？这必定是外星人的遗迹。你应该仔细看一看，里面有没有通天电梯。乘上这个电梯，就能笔直通向外星人的老家！"

瞧他们一个个说得神秘兮兮的，考察者肚皮里的学问不够用了，没法判断谁对谁错。

请问各位读者，谁还有高见？

别信那些胡说八道的"专家"，他们的文凭不知道是从什么角落里买来的。请听地质学家的解释吧。

地质学家说："这是鼎鼎大名的天柱山呀！天柱山的主峰就是这个样子的，所以才叫这个名字。"

天柱山位于潜山县境内，古代又称皖山，安徽省的简称“皖”就来源于这里。公元前 106 年，汉武帝南巡到这里，瞧见它觉得非常稀奇，还曾经将它封为“南岳”，比后来的“南岳”衡山早得多呢。

天柱山的主峰又名笋子尖，海拔 1488.4 米，高高笔直耸起，活像一根巨大的石头柱子，号称“中天一柱”，是江淮地区最高的山峰。白居易描写它说“天柱一峰擎日月，洞门千仞锁云雷”，十分生动地写出了它的气势。

瞧着这个柱子一样的山峰，人们不禁有些纳闷，为什么它长成这个模样？

地质学家说：“这是岩石性质的影响呀。”

原来这是一座花岗岩山峰。坚硬的花岗岩能够抵抗风化剥蚀。加上这里处在华北板块、扬子板块之间的大别造山带附近，地质构造十分破碎，一道道近于直立的构造裂隙，沿着裂隙劈裂开，才形成了这个柱子一样的山峰。

噢，这是岩石性质和地质构造的影响。这才是它真正的生成原因。

知识点

1. 天柱山主峰好像一根巨大的石头柱子。
2. 这是坚硬的花岗岩和破裂的地质构造共同形成的地貌奇观。
3. 天柱山是最早的“南岳”。
4. 古时候它叫做皖山，安徽省的简称“皖”由此而来。

石钟山的钟声

夜已经深了，月光下的鄱阳湖口一派迷迷茫茫，看不见一只水鸟，也没有一片帆影，天地一派沉静。正在这个寂静的时刻，远远江上忽然传来一阵阵奇怪的声音。

嘭、嘭、嘭……

声音闷沉沉的，一下又一下，随风飘送过来，听得越来越清楚了。

咦，这是怎么一回事？夜这样深了，哪来的这个声音？

嘭、嘭、嘭……

神秘的声音还在响着，好像一下又一下撞钟的声音。

这可奇怪了，半夜江上哪来的神秘钟声？难道那边有一座寺庙，守夜的和尚在撞钟？

嘭、嘭、嘭……

神秘的钟声还在闷沉沉响着，似乎在考问人们，到底是什么声音？

抬头看，在声音传来的方向，水上隐隐约约浮现出两个黑影。那不是庙，寺庙怎么会浮在水上？那也不是船，船没有这样大。何况从它们的形状看，也不像船影。

透过朦朦胧胧的月光，慢慢看清楚了，原来是两个一动不动的江上岛屿，外形活像两口倒扣的大铜钟。

噢，这就是鄱阳湖口有名的上石钟山和下石钟山呀！

上、下石钟山位于鄱阳湖

知识点

1. 鄱阳湖口有两个小岛，叫做上石钟山和下石钟山，时常会发出神秘的“钟声”。

2. 苏东坡通过现场调查，发现这是波浪冲击岛下洞穴发出的声响。

江西鄱阳湖口石钟山全景。（李路 /FOTOE）

和长江交汇的地方，水面特别宽阔。它们不仅外形酷似两口大钟，还能时不时发出一阵阵神秘的钟声，猛一听，真的像古刹钟声。这里是江上交通繁忙的地方，古人早就注意到它了，可是关于它发声的原因却各说不一。

有人猜测，这必定是因为岛下的水很深，风吹着波浪，撞击着岛岸发出的声音。

有人猜测，在岛上拾两块石头，轻轻一敲，就会发出不同的乐音。人们听见的神秘“钟声”，没准是有人敲打石头而发出的。

苏东坡经过这里，对石钟山的这个秘密也很感兴趣，决心要探明谜底。他划了一只小船，绕着两个小岛仔细观察，忽然发现一个黑黢黢的山洞。他好奇地划进去一看，一切都明白了，并写了一篇《石钟山记》，记述这件事情。

啊，原来是一阵阵波浪涌进洞里，拍打着洞里的石壁，才发出了这个神秘的“钟声”呀。

庐山冰川大辩论

庐山，谜一样的山。不是李白看见一道瀑布，怀着浪漫的心情，随口吟唱的“飞流直下三千尺，疑是银河落九天”；也不是苏东坡在这里感慨的“横看成岭侧成峰，远近高低各不同。不识庐山真面目，只缘身在此山中”。

庐山还有一个惊动了世界的科学疑谜，那是有关第四纪冰川的大辩论。

庐山，到底有没有第四纪冰川？

庐山第四纪冰川的公案，要从李四光说起。让我们先随着他的目光，扫视一下这座谜一样的名山吧。

1920 年 5 月，年青的李四光从英国归来，担任北京大学地质学教授。1921 年，他到山西大同和河北太行山东麓考察，发现了冰川漂砾，认为中国东部有第四纪冰川分布。从 1931 年开始，他就对庐山进行研究，发现了许多冰川遗迹，后来写了一篇著名的论文《冰期之庐山》，轰动了世界。

那时候，他的眼睛里看见了什么？

瞧呀，王家坡有一条 U 形的山谷，这不是冰川活动形成的 U 形谷吗？

看吧，山顶的大坳是一个碗形凹地，岂不是从前堆积冰雪的冰斗么？

瞧啊，山上山下还有三种不同的古老堆积物，泥土和砾石混杂在一起，准是三次不同时期古冰川堆积的泥砾。后来加上云南大理的古冰川活动，形成四个冰期。

看哪，一些地方还发现了冰川擦痕。

在他的眼睛里，庐山的古冰川遗迹还有很多很多。这里一下子说不完，只说这三个最重要的吧。

李四光认定庐山曾经有第四纪冰川分布，根据三种不同的泥砾，划分为鄱阳期、大姑期、庐山期三个冰期。他的发现一下子惊动了整个世界，

江西庐山云海美如画。（沈俊峰 /CFP）

庐山被认为是中国东部第四纪冰川遗迹的代表性地点，《冰期之庐山》被认为是研究中国东部第四纪冰川历史的代表性著作。

庐山真的曾经发生过第四纪冰川吗？人们渐渐产生了怀疑。

早在 20 世纪 30 年代，李四光提出庐山有冰川遗迹的时候，一批中外学者就表示反对。20 世纪 60 年代，黄培华从古气候条件分析，认为庐山不可能具备形成冰川的可能性。20 世纪 80 年代，以研究现代冰川的施雅风带头，一批地貌、古生物、古气候学者纷纷指出，庐山根本就没有什么第四纪冰川活动。许多国外专家也响应，赞同这个意见。

为什么有这样多的学者，从不同角度研究，怀疑庐山有第四纪冰川？请听他们的意见吧。

他们说，庐山的纬度和海拔这么低，根本就不具备生成冰川的条件。中国山地的雪线在海拔 4000 米左右，庐山只有 1474 米高，怎么可能生成冰川呢？

是不是从前庐山很高，后来下降了？

不，在第四纪期间，庐山不是下降，而是不断上升。当时的高度还远远没有现在这样高呢。

他们说，在庐山附近发现的第四纪古代哺乳动物化石都是喜暖的生物，土壤里的孢子花粉也代表温暖潮湿的气候。这样的气候环境，怎么可能形成冰川？

一些一辈子和现代冰川打交道的科学家考察了庐山后，摇头说："唉，这哪是什么冰川活动的遗迹呀！"

一些地貌学家看了，也不赞成从前的意见。有人认为王家坡是一个构造谷，山谷形态本来就是弯弯的 U 形。大坳只不过是一个普通的山坳，和典型的冰斗形状还相差太远。

被认为是冰川泥砾的山麓堆积物，大多数是泥石流堆积，有的甚至就是河流堆积的鹅卵石。20 世纪 30 年代，学术界还没有泥石流的观念。这是时代的限制，不足为奇。

那些擦痕呢？自然界里产生擦痕的作用很多。断层活动、滑坡，以及许许多多自然现象都能够形成擦痕。是不是冰川擦痕，需要联系各种现象综合分析才能最后下结论。

庐山到底有没有冰川？双方争论得非常激烈，谁也说服不了谁。这个科学公案一时还不能做出最后结论，请大家耐心等待时间的评判吧。

李四光发现庐山有第四纪冰川遗迹后，引起了一场发现冰川的热潮。在这个潮流中，全国各地都纷纷传来发现第四纪冰川遗迹的消息。甚至在广东、广西、海南岛等纬度和海拔很低很低的地方，有人也发现了第四纪冰川遗迹。

不，在过去的某个时期里，这不是普通的消息，而是胜利的“捷报”。因为近百年来中国饱经帝国主义压迫，当时一些外国学者认为中国东部没有第四纪冰川活动。

李四光大胆提出自己的观点，极大鼓舞了民族信心，被认为是爱国主义的表现。其实科学问题就是科学问题，必须实事求是，和“爱国”“不爱国”扯不上半点关系。庐山到底有没有冰川活动，当时的中国大地是不是到处都盖着厚厚的银色冰川，还需要冷静下来，从古气候环境及其他方面寻找更多的证据，认真研究分析。

1. 20 世纪 30 年代，李四光在庐山发现了第四纪冰川遗迹，划分出三个冰期。

2. 一个时期以来，全国各地发现了许多第四纪冰川遗迹，认为有四个冰期。

3. 20 世纪 60 年代，许多学者对庐山冰川提出了不同意见。

鄱阳湖咏叹调

天气一天天凉爽了，夏天早已过去，渐渐进入了深秋季节。远山似乎有些瘦了，山上的林子几乎落尽了树叶。秋风一吹，一片萧萧瑟瑟，完全失去了夏日浓荫的景象。在凉飕飕的秋风下，鄱阳湖也瘦得多了，和先前大不一样。

江西省湖口县，蓝天白云映衬下的鄱阳湖，鞋山依偎在庐山怀抱中。(张俊 /CFP)

啊，鄱阳湖的秋天，岂不是“落霞与孤鹜齐飞，秋水共长天一色”的风光吗？那样的图景多么辉煌，使人永远不忘。

不，俱往矣，那是千年前的诗情画意，现在早就变了，哪还有那样的景象？由于泥沙淤积，鄱阳湖早就瘦身了，变得又小又浅。夏天洪水过后，湖面缩得很小，许多地方只剩下一条十分狭窄的水道。大片湖底露出来，形成了“洪水一片，枯水一线”的情景。

水汪汪的湖泊，是大地面孔上最动人的眼睛，一阵阵秋波最能传情。和别的山水景物相比，它的生命最脆弱。在一切自然体里，它的寿命最短促。倘若不好好呵护它，就会像林黛玉一样，转眼便香消玉殒，只落得深深的叹息，再也不能唤回美好的生命。

唉，莫叹息，怨只怨无知的前人，不知道好好保护环境，乱砍滥伐森林，弄得到处童山濯濯，清清的河水变成了黄泥汤。大河小河里的泥沙没有地方堆放，美丽的鄱阳湖就变成了泥沙“垃圾场”。好好一个鄱阳湖，转眼就成了这副模样。

常言道，前人种树，后人遮阴。无知的前人怎么这样胡干一通？要知道伤害大自然，就是伤害自己，将会受到大自然加倍的惩罚。

唉，莫叹息，叹息有什么用？好好爱护环境吧。让山变绿，让水变清，让鄱阳湖慢慢恢复一丁点往昔的风光。

是呀，哪怕恢复一丁点也好。我们深深明白，往者不可追，并不奢望它还能恢复到《滕王阁序》里那样的景象。只要人们明白湖泊的生命是短促的这个道理，让它能够多延长一点生命，伴随着我们度过更长更长的时光就满足了。

唉，莫叹息。常言道，祸兮福所倚。事物总得一分为二，坏事有时也能变好事呢。鄱阳湖变成这个样子固然不好，可是湖水变浅了，洪水消退后，露出的泥滩面积也大大增加了。从另一个角度看，这也是一件好事。

湿漉漉的泥滩有什么用？

那就是宝贵的湿地呀！

湿地有什么意义？

这是越冬的水鸟最好的栖息地。鄱阳湖有大片的湿地，招引来数不清的候鸟，成了鸟儿的天堂。

秋风起了，成群结队的鸟儿扑扇着翅膀，千里万里飞来。它们吱吱嘎嘎欢声鸣叫着，聚集在鄱阳湖湿地上，使冷冷清清的秋天变得热闹起来，使人们暂时忘记了追怀“秋水共长天一色”的惆怅，重新寻觅到“落霞与孤鹜齐飞”的情趣，岂不也很好吗？

鄱阳湖古时名叫彭蠡，又名彭泽、彭湖，比现在大得多。

湿地是周期性积水的地方，自然界里的天然湿地有海滨潮间带滩涂和河湖季节性湿地两种。鄱阳湖湿地面积达 3000 多平方千米，占鄱阳湖总面积的 80%，超过了洞庭湖的总面积。

这片广阔的湿地生物资源丰富，被设立为国家级自然保护区。这里有 300 多种鸟类，包括国家一级保护鸟类 11 种，国家二级保护鸟类 44 种。加上许许多多水生和陆地动植物，生物资源非常丰富。每到候鸟飞来的季节，天空中一群群鸟儿遮天盖地飞来，形成了“飞时遮尽云和月，落时不见湖边草”的景象，真壮观极了。

这里以白鹤居多，是白鹤的主要越冬地。1993 年 12 月 6 日，人们仅仅在一个角落里就统计到 2892 只白鹤，真多呀！有人估计，这里的白鹤占全世界白鹤的 98%。加上丹顶鹤和黑鹳等珍贵品种，以及天鹅、野鸭等水禽，这里可谓是名副其实的“白鹤世界”和“水鸟王国”。

知识点

1. 由于泥沙淤积，鄱阳湖已经变得比从前小得多、浅得多了。
2. 鄱阳湖枯水季节出露大片湿地。
3. 鄱阳湖湿地是候鸟越冬最好的地方。
4. 鄱阳湖湿地的白鹤最多。

水边隐士长脚鹭鸶先生

天刚蒙蒙亮，田野里还笼罩着薄薄的雾气，有几个又高又瘦的影子，从低低的空中不声不响飞下来，在水边慢吞吞地散步。

两个到这里来玩的孩子觉得很奇怪。这是谁呀？为什么这么早就在水边飞来飞去，一会儿飞起来，一会儿落下来，静悄悄地踏着浅浅的水走来走去？

它们身子很瘦削，浑身洁白，不慌不忙地踏着稳重的步子，在水里和田坎上慢慢走着。有几个收起一只脚，只用一只脚站在水里，表演出金鸡独立的姿势。一个个都那么不平凡，不由得使人产生深深的敬意。

两个孩子不熟悉这里的情况，心里有些不明白，它们到底是谁？

一个孩子猜："它们是不是古诗里说的隐士？只有远离嘈杂人间的隐士，才喜欢这样清静的生活，悄悄在这样的环境里过日子。"

是呀，透过迷迷蒙蒙的雾气，可以模模糊糊瞧见它们的身影。它们的神态那样沉静，动作那样稳重，真的像神秘的哲学家。它们低着脑袋在想什么？是在思考重要的人生问题，还是宇宙的奥秘？两个孩子屏住呼吸，不敢发出一丁点声音，生怕会惊动它们。

清晨的雾气经不住微风吹拂，经不住渐渐亮起来的太阳光照射。过了一会儿，随着晨光越来越明亮，一阵阵不知从哪里吹来的微风吹来，原本一派白茫茫的雾气渐渐散开了。现在隔着一些非

知识点

1. 鹭鸶是水鸟，常常住在水边。

2. 鹭鸶吃鱼吃虾，也吃一些别的小动物。

3. 鹭鸶飞起来好像没有声音的滑翔机。

4. 牛背鹭鸶帮助牛抓寄生虫，是牛的好朋友。

白鹭：别名鹭鸶，鸟纲鹳形目鹭科白鹭属动物。（木可 /FOTOE）

常稀薄的雾气，可以看得清清楚楚了。

一个孩子首先看清楚，不禁低声喊叫起来：“啊，这是长脚鹭鸶呀！”

鹭鸶先生不是隐士和哲学家，没有高深的学问。它们不怕辛苦，一大早就踩着冷冰冰的水，低着脑袋在水里走来走去，不是思考什么重大问题，是在找东西吃呀。

鹭鸶先生在水里找什么东西吃？

一只鹭鸶伸出又尖又长的嘴壳，一下子就从水里叼起一条鱼。那条鱼用力挣扎着，但鹭鸶很不客气，一咕噜就将其吞了下去。

另一只鹭鸶叼起一只虾。

第三只鹭鸶叼起一只活蹦乱跳的青蛙。

第四只鹭鸶不是在水里，而是在田坎上，叼起一只怪模怪样的蜥蜴。

第五只鹭鸶叼起一个河蚌，毫不客气地使劲往石头上摔。它摔了一次又一次，终于将其摔开，再叼着里面的蚌肉吃。

它们在这里活动了一阵子，几只鹭鸶扒扇着大翅膀飞起来，一上一下滑翔到远处另一块水田里，再接着找东西吃。

它们都在找东西吃吗?

不，有的吃得饱饱的，心满意足地张开雪白的翅膀，舒开脖子上丝一样的长羽毛，迎着晨风翩翩起舞，真好看极了。

鹭鸶先生静静地在水里散步，在低低的空中飞舞，好像一首诗，好像一幅画，真美呀!

两个孩子看得入了迷，舍不得离开这里。他们还想多看一会儿，瞅一个空子和神秘的鹭鸶先生聊一会儿。可是鹭鸶先生吃饱了，也跳够了舞，发出“刮、刮、刮”的叫声，一只接一只张开翅膀飞起来，好像电影里的慢动作镜头似的，用优美的姿势十分缓慢地飞升进空中，慢慢飞过这一片水田和池塘，消失在一片随风摇曳的芦苇丛中。

鹭鸶是一种生活在水边的鸟，个头比较大。在湖泊、沼泽、小河和潮湿的森林里，都能看到它们的影子。因为它们老是在水里走来走去，所以属于涉水鸟类。

鹭鸶做窝不太讲究，随便在芦苇丛里、草地上、树上做一个可以趴下来休息的窝就满足了。

鹭鸶的脚很长，才能踩水呀。

鹭鸶的嘴壳又尖又长，脖子很灵活，才能叼起东西吃呀。

有一种牛背鹭鸶，个头很小，喜欢和牛做伙伴，蹲在牛背上啄牛身上的寄生虫吃。不消说，牛非常喜欢这个好伙伴。

高岭土的传说

传说很久很久以前，景德镇高岭村有一个姓高的穷汉。他和老伴没有一个孩子，老两口只能靠给地主种几分薄田过日子。可是地主老爷太凶狠了，他们一年到头辛辛苦苦打下一点粮食，几乎都被地主搜刮得干干净净。老两口没有办法，只好找一些野菜，掺和着一丁点杂粮，勉强维持生命。可是他们生性善良，尽管自己没有吃的，瞧见谁家困难，也会把自己仅有的一点吃的分给别人。周围几十里，没有人不说他们是好人。

一个北风怒号、雪花纷飞的冬天早晨，他们刚刚打开屋门，就瞧见一个冻僵的白发老人，穿着破破烂烂的衣服，晕倒在屋檐下面。高老汉连忙招呼老伴把他抬进屋里，脱下自己的旧棉衣给他穿上，用仅有的破棉被盖住他。这个白发老人喝了一碗滚烫的姜汤，渐渐苏醒过来，指着自己的嘴巴，表示肚皮饿了，想吃一点东西。可是他们家里什么也没有，拿什么给这个白发老人吃呢？他们实在没有办法，只好向地主借一升米，说好一升还两升，熬了一碗稀粥，一口一口喂给白发老人吃。

白发老人吃完后，精神一下子好了，从怀里摸出一块白色的泥土对他们说："我亲眼看见了，你们真的是好人。我没有别的可以报答你们，送给你们一块泥土吧。把它种在后面山上，过了七七四十九天，接连挖九九八十一锄，

知识点

1. 高岭土是一种土状非金属矿物，其矿物成分以高岭石为主，化学组成以铝为主。

2. 高岭土是制造瓷器的主要原料。

3. 景德镇高岭村出产的高岭土质量最好。

4. 高岭土还能制造各种各样的工业瓷，用途非常广泛。

用于制造陶瓷的主要原料——高岭土矿。（林密 /FOTOE）

就会有奇迹发生。往后你们就不用给地主种地了，挖这种白泥巴卖吧。”

话说完，神秘的白发老人转眼就不见了。高老汉老两口心里想，这准是神仙，就听他的话，上山去种泥巴。说也奇怪，这块白泥巴种下去四十九天后，忽然满山的黄泥都变成白的了。他们挖了带到景德镇，能够作为制造瓷器的原料，果然卖了好价钱。因为这是高岭村出产的，所以叫做高岭土。

这个故事当然不是真的，可是景德镇高岭村出产上好的高岭土却是千真万确的事情。

高岭土在景德镇当地又叫瓷土、糯米土，是一种灰白色的土状非金属矿物，有滑腻的感觉。其矿物成分除高岭石外，还有石英和云母。化学组成以铝为主，含量很高。它的外表没有一丁点光泽，硬度和比重都很小。它原本是块状的，用手轻轻一捏就能捏成粉末。用它做的瓷器非常坚硬，色泽洁白莹润。

我国是瓷的故乡，也是高岭土的故乡。明代科学家宋应星在《天工开物》中提到它说：“土出婺源、祁门两山：一名高梁山，出粳米土，其性坚硬；一名开化山，出糯米土，其性粢软。两土和合，瓷器方成。”1712 年，法国传教士昂特雷柯莱看到后觉得非常稀奇，向西方介绍了这种出产在景德镇高岭地区的神奇瓷土，高岭土的名字一下子就传遍世界了。

高岭土不仅是制造瓷器的主要原料，还能用来生产耐高压耐强酸的电瓷、建筑卫生瓷和化工用瓷，甚至还可以作为火箭、雷达等高精尖产品的瓷配件原料。

“红色荒漠”印象记

有一个考察者，来到江西一个地方，几乎不相信自己的眼睛了。

哎呀，这是怎么一回事？眼前起伏不平的丘冈都是红通通的，没有掺杂一丁点别的颜色，配着绿色的树木和野草，一派大红大绿，色彩异常鲜明。

考察者起初以为自己看花了眼睛，抓起脚下一把泥土仔细看，想不到真的是一把红土，一直捏成粉末也是红的。

难道这是开天辟地时期，老祖宗盘古不小心在这里打翻了一桶红油漆？再不，就是一位喝醉了酒的画家，只有红色的颜料，错把大地当成画布了。

考察者才疏学浅，一下子迷糊了，不知道这是什么原因，看来只有请教高明了。

一位教授看了，漫不经心随口就说："古代小说里描写打仗的时候常常血流成河，尸骨堆山。这儿是不是曾经有过一场激烈的血战，才把土地染红了？"

他这样一说，考察者有些傻眼了。如果真是这么一回事，那么要多少鲜血才能染红所有的土地？这样激烈的战斗，为什么历史书上连影子也找不到呢?

考察者正疑惑，一位研究员哈哈笑着说："那位教授真不愧名士风流，想象力特丰富，写一篇科幻小说，准能轰动市场。不过依我看，这是火山喷发的结果。只有火山喷出的高温岩浆，才能把大地炙烤成这副模样。"

考察者一想，有道理呀！以我们常见的情况来说，别说高温的炼钢炉里一片红通通，就是蜂窝煤炉里也是红的。熊熊燃烧的火山比什么炉子都厉害，把土地烤成这个样子也不是不可能。

江西省德兴市的红土地。（国平 /FOTOE）

一位博士听完了前面两位专家的话，才发表自己的意见。

他看也不多看一眼，就大声嚷道："外星人！外星人！地球人没法想通的问题，一联系上外星人就灵。"

三个人三个不同的意见，考察者到底该听谁的？

这里的泥土一片红色，到底是怎么一回事？

气象学家说："这是湿热气候环境里生成的红色风化壳。"

土壤学家说："这是红壤呀！"

地质学家说："这是含铁的反映呀！"

他们三个人谁说得对？

都是对的。

在湿热气候环境条件下，地表经过高温多雨的气候的影响，生成厚厚的风化壳。风化壳里的钾、钠、钙、镁等活泼元素很容易被雨水淋洗得干干净净，铁、铝等不活泼元素被沉淀在土层里。最后留下最多的是三氧化二铁。它在氧化条件下，显出一片红色。这种产物是红土，生成的土壤就是红壤。有时候土壤里还夹杂一些灰白色的三氧化二铝，也就是高岭土条带，成为特殊的网纹红土。

不消说，红土里的铁非常丰富。三氧化二铁在氧化环境里是红色的，如果浸泡的水分太多，在还原环境里，会变成黄色，就形成黄壤了。

红土是一种酸性土壤，土质板结，肥力很低，种出的庄稼产量也低，所以叫做“红色荒漠”。必须经过改造，增加土壤中的碱性元素和有机物质，才能提高肥力。

可是红土也不是什么东西也不能种植，选择一些适宜在酸性土壤中生长的作物进行栽培（例如茶树），也是改造红土的一个办法。所谓的“红色荒漠”和真正的荒漠不一样，改造后照样能够种植作物。

知识点

1. 南方许多地方的土壤是红色的。
2. 红土是湿热气候条件下的红色风化壳。
3. 红土含铁丰富。
4. 三氧化二铁在氧化环境里生成红壤，在还原环境里生成黄壤。
5. 红土是酸性土壤，肥力低，必须进行改造。
6. 茶树适宜在酸性土壤中生长。

小小蜜橘的诱惑

我走进江西一个小小的集市，觉得口渴了，想买一个水果解渴。西瓜太大了，一个人吃不完。苹果水分不多。左看右看，瞧见一堆小橘子，模样很不起眼。我正要转身走开，卖橘子的老奶奶喊住我，笑眯眯地说："我瞧你东转西转的，好像要找水果，为啥不看一眼我的橘子？瞧你口渴的样子，随便尝一个吧。"

老奶奶这样客气招呼，我不好意思不停下了脚步。可是瞧见橘子这样小，心里还有些嘀咕。当我正拿不定主意的时候，老奶奶已经剥了一个橘子送到我的手上了。我感谢了她，接过来漫不经心吃了一瓣，嘴里一下子就充满了又香又甜的汁水。别说是解渴，连心也被浸得甜蜜蜜的。

哇，想不到一个小小的橘子竟有这么大的魔力。

我问她："这是什么橘子？"

老奶奶说："这是南丰蜜橘呀，你没有听说过吗？"

南丰在什么地方？我连忙翻开地图查找，原来距离这里不远，非得去看看不可。搭上班车，一会儿就到了。

来到南丰一看，到处都是橘树，成片成片地散布在山坡上、小溪旁、大路边。村前村后，房前屋后，到处都种满了青青的橘树，数不清的红橘子像小灯笼似的缀满了枝头。一阵阵浓郁的香气扑鼻而来，使人完全沉醉了。牢牢记住它的名字，又甜又香的南丰蜜橘。

知识点

1. 江西南丰是"蜜橘之乡"。

2. 南丰蜜橘个儿小，特好吃，堪称"橘中之王"。

3. 南丰蜜橘所含的维生素特别丰富。

江西抚州市南丰县琴城镇，橘农正在采摘蜜橘。（FOTOE 供稿）

江西南丰是有名的“蜜橘之乡”。这里的蜜橘个儿不大，又叫金钱蜜橘。别瞧它的个儿小，味道却特别好。它以颜色金黄、果皮特薄、果肉特嫩、汁水特多、果味特甜、果子特香、进嘴无渣而闻名，号称“橘中之王”。

南丰蜜橘种植历史非常悠久，据说已经有上千年历史了。专门种橘树的果农积累了丰富的经验，培育出大果、小果、桂花蒂、早熟、短枝、无核等许多品种，早在唐代就名扬天下，成为进贡给皇帝的贡品。

南丰蜜橘不仅好吃，还含有丰富的维生素。橘皮、橘核都有药用价值，还能提炼天然果胶和香精。

石头舞蹈家

一个孩子对另外几个孩子说:“信不信由你，我瞧见一个大石头跳舞。”

“嘻嘻，你骗人。”第二个孩子说，“石头没有脚，更没有脑袋，怎么能够跳舞呢？”

“哈哈！”第三个孩子笑了，问道，“你是做梦吧？我在梦里还瞧见兔子骑着老虎到处跑呢。”

“嘻嘻，哈哈，嘻嘻，哈哈……”孩子们都不信他的话。

第一个孩子急了，起誓发愿说：“谁骗人，谁是小狗。你们不信，跟我一起去看吧。”

大家跟着他走呀走，走到福建东山岛的海边，去看那块会“跳舞”的怪石头。

这块石头是什么样子？

一个孩子远远一看，说：“哇，它好像一只巨大的石头兔子，是不是兔子变的？兔子跳舞当然不稀奇。”

另一个孩子伸手一摸，说：“这是冷冰冰的石头，不是兔子。”

大家七手八脚测量一下，看这块石头到底有多大。

它的长、宽、高都有 4 米多，大约有 200 多吨重，世界上哪有这么大的兔子呀？仔细一看，倒像圆溜溜的大石蛋，斜搁在山边石台上。只有底部一丁点挨着身下的石台，一副摇摇欲坠的样子，真叫人提心吊胆。

知识点

1. 顺着岩石内部不同方向的裂缝层层风化剥落，能够生成一些特殊的石蛋。

2. 有的石蛋好像天然不倒翁，遇着一丁点外力影响，就会来回摇晃。

福建平潭岛，花岗岩球状风化海蚀柱——半洋石帆（双帆石、石牌洋）。（李鹰 /FOTOE）

孩子们问先前报告消息的那个伙伴："喂，你真的瞧见它跳舞吗？"

"是呀！"那个孩子说，"它跳舞的样子非常好笑，活像一个摇摇摆摆的大胖子。"

大家听他这么一说，心里更加好奇了，一个个朝着这块大石头喊叫：

"跳吧，跳吧，大石头。"

"赶快跳呀！给我们开一下眼界吧。"

"喂，你磨磨蹭蹭的，干吗还不跳舞呢？"

大家冲着它喊叫一阵，伸手使劲推它，瞧见它还是趴着一动不动。大家有些沉不住气了，觉得自己上了当，正嚷嚷着，怪事一下子发生了。只见海上一股大风吹来，巨大的风动石忽然嘎吱嘎吱响，随风摇摇晃晃跳了起来。孩子们看得目瞪口呆，简直不敢相信自己的眼睛了。

这是真的！这块大石头平时趴在地上不动，只要海上一阵大风吹来，就会随风微微晃荡，仿佛伴着风的乐曲，真的在扭动身子“跳舞”，所以人们都叫它风动石。它是有名的“东山八景”之一。

说起它跳舞，有一段有趣的传说。

据说在明朝万历年间，有一位进士老爷邀约了几位文人墨客，专程到东山岛来看风动石。这位进士老爷别出心裁，在风动石下摆开宴席，请大家一边慢慢喝酒，一边慢慢吟诗，要把风动石看个够。

谁知，刚有两位诗人摇头晃脑吟完诗，第三位端起酒杯，站起身，正要开口吟出一句妙诗，忽然一阵海风吹来，巨大的风动石摇摇晃晃，好像立刻要倒下来。诗人们吓得胆战心惊，转身就跑，不再吟诗，也不敢饮酒吃饭了,让人笑破了肚皮。从此便留下“石下难设宴,吟唱不出三”的趣谈。

可是，人们并非都是胆小鬼。一些游客到这里游玩，想试一下石头跳舞是不是真的，伸手使劲一推，它也会前后晃动，使人大开眼界。因为无风也能摆动，所以有人又叫它“摇摆石”。

瞧着它，人们忍不住会问：石头怎么会跳舞、会摇摆呢?

奥妙在于它的特殊形状。

这块石头下大上小，物体重心比较低。它的底座圆圆的，活像天然的不倒翁,任随大风吹刮,只在下面的石座上轻轻摇摆几下,绝不会歪倒下去。

啊，原来这是一个天生的不倒翁呀！

人们又会问：这么大一块不生根的石头，是怎么放上石台的?如果没有神仙法力，难道古人是用起重机把它搬上去的?

原来这是一个花岗岩块，沿着几道交叉的裂隙风化破裂开，和下面的石座分开，慢慢变成了这个样子。地质学家把这种现象叫做球状风化。球状风化生成的圆石头，叫做石蛋。

福建沿海的花岗岩球状风化很常见，生成了很多各种各样的石蛋。东山岛附近的漳浦县海边就有许多同样的风动石，还没有被众多游客发现，你快去玩呀！

盼望团圆的半屏山

厦门流传着一首动人的歌曲："半屏山，半屏山，一半在大陆，一半在台湾……"

半屏山在哪里？当地人指着厦门何厝的一座山，讲了一个神奇的故事。据说这座山原本叫做屏山，山势直插云霄。有一天晚上雷电交加，一声巨响把它劈成了两半。第二天早上，人们吃惊地发现，屏山少了一半，另一半飞过海峡落到了台湾，所以改名为半屏山。

台湾高雄附近的左营地区，也有一个同样的传说。不同的只是一座山的一半留在这里，另一半飞到了福建。

仔细看这两座半屏山，有着共同的特点。山形非常奇怪，好像一个圆馒头，被掰成了两半似的。一边坡陡，一边坡缓，两边的坡度相差很大，山形完全不对称，难怪得到这样的名字。

为什么半屏山两边山形不对称？仔细一看，原来是岩层倾斜造成的。一边山坡顺着岩层伸展，坡度比较平缓。另一边和岩层延伸的方向不一致，坡度比较陡峭。两边的山形当然就不一样了。

地质学家看了说："这是单斜构造呀！"

什么是单斜构造？就是岩层都朝着一个方向倾斜的地质构造。

单斜构造产生的原因有好几个。

知识点

1. 福建厦门和台湾高雄都有一座半屏山，山形两边不对称，活像是从中间劈开的。

2. 所谓半屏山，实际是倾斜岩层形成的。这种地质构造叫做单斜构造。

3. 生成单斜构造的原因有很多，地壳不等量抬升，完整的背斜和向斜构造被破坏，或者断裂活动，都可以生成这样的构造。

最常见的是地壳升降运动。如果岩层一边抬高掀起，另一边相对下降；或者一边下沉，另一边相对抬高掀起，都能够造成整个岩层倾斜。号称“剑门天下险”的剑门关的地形，就是最好的例子。

浙江省温州市洞头县半屏山。（王敏 /FOTOE）

除了简单的一边抬起、一边下沉的运动，别的原因也能够造成同样的现象。

著名的峨眉山是一个例子。由于断层活动，使断裂线一边的断块抬升，形成了巍峨的峨眉山。断块掀起的时候，岩层朝向一边倾斜，也形成了同样的单斜构造。

另一种原因是岩层受到强烈挤压的结果。被挤压拱起的地质构造，叫做背斜构造；被挤压下凹的地质构造，叫做向斜构造。不管背斜还是向斜，两边的岩层都朝着不同的方向倾斜。背斜成山，两边的岩层朝外倾斜；向斜成谷，两边的岩层朝里倾斜。

背斜形成后，受到外力影响，从中间破裂开，只剩下两边倾斜岩层构成的残余山地，岂不也是两个单面山吗？

自然界里的单面山很多，叫半屏山的地方也很多。除了前面介绍的福建厦门和台湾高雄的半屏山，福建还有三座类似的同名山丘。浙江温州外海的洞头县也有一座半屏山，传说另一半也飞到台湾去了。

海峡两岸各有一座半屏山，寄托了人们的深深思念，盼望着早日团圆。瞧着两座半屏山，人们不禁会问，真的是飞过来、飞过去的吗？

长胡子的“青蛙”

男子汉都会长胡子，有人还喜欢蓄八字胡，摆出一副威风的样子。想不到有一种青蛙和人一样，也有八字胡呢。

噢，请别叫它青蛙。其实它压根就不是我们常见的青蛙，两者没有半点血缘关系。它是癞蛤蟆的亲戚。癞蛤蟆的大名叫蟾，它是有胡子的蟾，“髭”就是“胡子”的意思，就叫它髭蟾吧。要不，按照通俗的叫法，干脆叫它胡子蛙也行。

张开大嘴巴整天呱呱叫的青蛙遍地都是，癞蛤蟆也不少。髭蟾虽然和癞蛤蟆是一家，数量却很少很少。掰着手指算，咱们国家只有峨眉山、梵净山、武夷山等少数大山里才有它的踪迹。物以稀为贵，它也就成为珍稀动物了。

髭蟾的脑袋又宽又扁，嘴巴大，舌头也大。它们住在山上，藏在草丛里、石缝里、土洞里，可不是一般青蛙居住的池塘里。髭蟾先生神秘兮兮的，平时不会轻易露面，到了求偶的时节，才在黑漆漆的晚上钻出来，张开嘴巴大声叫。

髭蟾抓各种各样的昆虫吃。最喜欢吃的有蝗虫、金龟子一类的害虫，是人们的好帮手。

为什么髭蟾很稀少？因为它的幼年期（蝌蚪阶段）特别长。它的蝌蚪要越冬两次，大约三年才变成真正的

知识点

1. 髭蟾的幼年期很长，容易被攻击，很难成活，所以是稀有动物。

2. 雄髭蟾嘴巴上面有特殊的胡子，所以又叫胡子蛙、角怪。

3. 髭蟾的眼睛会眯，眼球上下颜色不一样。

4. 髭蟾吃害虫。

鲵蟾。小小的蝌蚪容易受到伤害，很不容易成活，成年的髭蟾当然就少啰。

我国独有的蟾类动物“髭蟾”，有“中国角怪”之称。（彭年 /CFP）

髭蟾真的长胡子吗？

是呀！成年雄髭蟾的嘴巴上面都会长出几根特殊的胡子。不过不同的地区，髭蟾品种不一样，胡子多少也不一样。峨眉山髭蟾的胡子最多，可以长出十几根。贵州和广西的髭蟾有四根，武夷山髭蟾的胡子最少，只有左右两根，活像真正的八字胡。

髭蟾先生一年四季都有胡子吗？

不，它只在发情的时候才长出胡子来，没准是为了表现“男子汉”的风采，赢得髭蟾小姐的芳心吧？

髭蟾先生的胡子和咱们的胡子一样吗？

不，它的胡子不是一根一根的毛，而是一个一个黑色的锥状尖尖刺。每个刺都很硬很硬，活像玫瑰花的刺。不小心被它刺一下，可不是开玩笑的。所以它又有一个名字，叫做角怪。

髭蟾先生的胡子很奇怪，眼睛也奇怪。它的眼睛很特别，在强光照耀下，会像猫眼睛一样眯成一条缝，和老是鼓着两只大眼睛的青蛙完全不一样。更加奇怪的是，它的上半眼球为黄绿色，下半眼球为棕紫色。

请问，世界上成千上万的动物里，哪有这样上下颜色不同的眼睛？如果谁瞧见一只会眯眼睛的青蛙，眼珠花里胡哨的，准会认为它是从《哈利·波特》魔法书里蹦出来的怪物。不像活生生的髭蟾先生一样，生活在现实世界里。

喂，朋友，咱们介绍了这么多髭蟾先生的特点。如果你喜欢，就到武夷山里去找它吧。

一线天奇观

一个考察者到武夷山考察，在九曲溪的二曲附近，发现一个奇观。

请看，一堵高大的石墙横卧在面前，硬生生从中劈开，露出一条狭窄的石缝。考察者伸着脑袋往里面一看，只见里面黑黢黢的，只在头顶露出一线天光，真奇怪极了。

这条石头缝到底有多长，多宽，多深？考察者在现场测量了一下，它有 176 米长，65.7 米深，最窄的地方只有 30 厘米。考察者算不上大胖子，想慢慢挤过去，想不到一下子被卡住了，不能前进，也不能后退，急得大声喊叫。多亏几个当地人赶来，才七手八脚把他弄出来。要不，准会卡在里面没法出来。

考察者感到非常好奇，向他们打听，这到底是什么地方？

一个人告诉他："这个地方叫灵岩，这是有名的一线天呀！"

第二个人说："这里的一线天又叫一字天，是有名的景点。要想钻过最窄的地方，游客只能侧着身子，肚皮和背脊紧紧贴着崖壁过去。难怪有人说，这里是测量标准身材的最佳地方。"

考察者又问："这个一线天是怎么生成的？"

第三个人说："传说这是桃花女用一根绣花针划开的。"

第四个人说："不，这是伏羲大神用玉斧劈开的。"

到底谁说得对？考察者急着写报告，没法一下子弄清楚，只好拿起手机，电话咨询几位专家。

一位教授说："神话是真实的

知识点

1. 一线天是常见的自然现象。

2. 一线天主要是顺着岩石内部的裂隙逐渐风化扩大的。

影子。虽然这不见得是桃花女和伏羲大神的杰作，却可能是古人有意劈开的。愚公可以移山，古人为什么不能劈开一块石头呢？”

一位研究员摇了摇脑袋，说："别开玩笑啦，人工怎么能够劈出一线天？必定是闪电劈开的。雷电威力很大，有什么石头劈不开？”

一位博士摇头说："一道闪电怎么能劈开这块大石头？必定是外星人干的。外星人神通广大，什么事情干不出来？”

福建武夷山一线天景区。（王商林 /FOTO）

听他们说的话，公有公的理，婆有婆的理，意见一下子没法统一。

唉，还有哪位高人，请多多指点，到底谁说得对？

这几个信口开河的家伙，谁都说得不对。大自然里的一线天现象多的是，基本上都是沿着岩石里面的破裂带慢慢风化扩大形成的。

武夷山的一线天是目前所知全国一线天中最长、最深、最窄的，可以算是一线天的全国冠军。清代一个名叫李斐的诗人描述它："云里石头开锦缝，从来不许嵌斜阳。何人仰见通霄路，一尺青天万丈长。”真是说得活灵活现。

万木林的启发

啊，万木林。听着这个名字，就仿佛嗅到了林木特有的清香。想象中，这里必定是一座黑沉沉的大森林，不知蕴藏着多少珍贵的树木。

是呀，万木林就是这个样子。

走进万木林，好像踏进了树木的迷宫。放眼一看，四面八方都是密密的大树，数也数不清。

这里的树到底有多大？让我们随便举两个例子吧。

这里有一棵最大的沉水樟，有 36.5 米高，树径达到 1.87 米。特别值得一提的是它的树干从上到下一样粗，好像一个巨人，非常雄伟壮观。这棵大树已经有 600 多年树龄，是世界最大的沉水樟王。这个森林有多大的年龄，它就有多么古老，是名副其实的大树爷爷。

这里还有一棵罕见的观光木，也有 30 多米高，树径达 1.35 米。伞盖般的树冠遮住了半边天，算是世界最大的观光木王。旁边围绕着 28 棵小观光树，好像五代同堂的子孙们，围在老公公身边，倾听从前的故事。

这里的树到底有多奇？让我们掰着指头举几个例子。

这里有两棵紧紧纠缠在一起的鸳鸯树。一棵是高大的红皮酸枣，一棵是同样高大的绿皮米槠，好像一对红男绿女，真有趣。

更加奇特的是，一个低洼的地方，有一棵岭南栲、一棵罗浮栲、一棵拉氏栲，树龄都超过了 500 年。裸露在地面的三棵大树盘根错节紧紧结合在一起，上面生出三棵连理树，好像一个天然盆景。

这个林子里还生长着许多树藤，好像无数大蟒蛇似的，缠绕在大树身上。树有多高，树藤就能攀爬多高。它们可以一直爬上树梢，编织成密密的藤萝网，封锁了树林，拦住了人们的去路。

福建省建瓯市房道乡万木林内奇树颇多，如这棵米槠，竟在一根主干上分生出八棵一样大小的枝干，成为兄弟同根最好的印证。（王敏/FOTOE）

知识点

1. 福建的万木林是国家级自然保护区。

2. 万木林已有600多年的历史。

3. 万木林是人工林起源的亚热带森林。

4. 万木林有许多珍稀动植物。

这里的树木太密了，还生成了一处处特殊的树木一线天呢。

啊，万木林，读着你的历史，就像读了一本用绿色的笔写出的大自然保护经典著作。

是呀，翻开历史看，这里从前并不是这个样子。在无情的刀斧手滥砍滥伐下，这里曾经也是童山濯濯，满目荒凉。原来这是人工造林，坚持环境保护的结果。

据说元代末年天下大乱，到处闹饥荒。闽北山区的这个偏僻角落，也没有逃脱悲惨的命运。元顺帝至正十四年（公元 1354 年），有一个名叫杨达卿的乡绅打开粮仓赈济灾民，却不简简单单拿出粮食就了事。他对大家说："谁在我的祖坟大富山上种一棵树，我就给谁一斗稻谷。"

啊，这还不好办吗？老百姓纷纷上山种树，很快就种出了一片森林。以后一代代人认真保护，经过了 600 多年，终于成为现在的样子。万木林告诉我们，只要坚持环境保护，就能从无到有培育出一个大森林。

万木林坐落在武夷山脉的闽北山区，位于福建省建瓯市房道镇境内，占地面积 1600 亩，是国家级自然保护区。

起初这里种植的是杉木林，后来单一的杉木林逐渐退化，经过自然演变，渐渐发展成林相非常复杂的中亚热带常绿阔叶林。

根据不完全统计，万木林内有 250 多种树木，420 多种药用植物，140 多种鸟类，960 多种昆虫。

万木林的森林群落主要由壳斗科、樟科、山茶科、木兰科、杜英科、金缕梅科和冬青科组成。其中有观光木、石梓、沉水樟、花梨木、天竺桂、闽楠、单性木兰、江南红豆杉、鄂西红豆树等国家保护珍稀树种。有七叶一枝花、鸡血藤、何首乌、金不换、马兜铃等珍贵药材。有国家一级保护珍稀动物黄腹角雉，国家二级保护动物穿山甲、白鹇、蛇雕、猕猴、黑熊等。万木林是珍奇的"亚热带动物基因库"。

鼓浪屿之歌

听啊，这是一首赞美鼓浪屿的歌。

鼓浪屿四周海茫茫，
海水鼓起波浪。
鼓浪屿遥对着台湾岛，
台湾是我家乡。
登上日光岩眺望，
只见云海苍苍……

看吧，这是一首描绘日光岩的诗。

日光岩，石磊磊，环海梯天成玉垒。上有浩浩之天风，下有泱泱之大海。

听吧，这里还有一个“鹭江龙窟”的民间传说。据说，这里从前住着五条龙。龙身盘旋蜷缩在一起，生成了这座小小的海岛。龙头高高昂起，形成一座山峰，就是鼓浪屿的最高峰日光岩。

站在科学的角度，你从这首歌、这首诗、这个故事里读出了什么？

鼓浪屿四周是海水，波浪翻滚不息。鼓浪屿上怪石累累，到处起伏不平，好像几条纠缠在一起的龙的身子。高高的日光岩是昂起的龙头，形势非常雄壮。鼓浪屿和台湾隔水相望，站在日光岩上，可以清清楚楚望见远远的大担岛、二担岛，似乎还可以望见海峡对面的台湾岛呢。

一首歌、一首诗、一个民间故事，就这样简简单单将鼓浪屿的自然形势说清楚了。

登上鼓浪屿一看，果然是这个样子。

福建厦门，鼓浪屿日光岩风景区。（杜雪琼 /FOTOE）

人们印象最深的是什么？抛开满山的树木浓荫和别具一格的西洋式建筑，抛开一阵阵美妙的钢琴声响，人们感受最深的就是遍地怪石，岛中央高高托起一座孤峰，就是日光岩啦！

对这里还有什么深刻的印象？

是那日光岩上的怪石嶙峋，是那清凉幽静的“古避暑洞”，是那“仙人”洗脚的石盆和“脚印”。

是那日光岩本身。人们不明白高高的日光岩，是一座平常的山峰，还是一块耸立在这里的巨大石头。

是那和厦门一水之隔的浅浅的海峡，那样狭窄、那样长，不知道是海，还是江。

是那海风起时，岛岸澎湃不息的涛声，海浪拍打在一块石头上，好似击鼓一样。难怪人们把它叫做鼓浪屿，这个名字真恰当。

鼓浪屿紧紧挨着厦门，原名圆沙州、圆州仔，还曾经叫做嘉禾屿，明代才改称“鼓浪屿”。它是一个小小的海岛，面积只有 1.91 平方千米。

鼓浪屿的最高峰日光岩，原名岩仔山，又名晃岩、龙头山，海拔 92.7 米，高高挺立在全岛中央，从海上远望非常威武雄壮。为什么改名叫做日光岩？传说 1641 年，郑成功来到这里，觉得这里的景色胜过日本的晃山，就把“晃”字上下拆开，改为日光岩了。

鼓浪屿整个岛都是坚硬的花岗岩，裂缝一样的节理发达，生成了许多怪石。海边菽庄花园里的那个有名的风动石，就是经过球状风化形成的，可以作为鼓浪屿奇岩怪石的代表。

日光岩本身也是一块直径 40 多米的花岗岩巨石，凌空耸立，成为厦门的象征。因为花岗岩非常坚硬，所以它才能这样高高屹立，显露出威武的雄姿。

花岗岩构成的日光岩，怎么能够形成一个山洞？不，那个“古避暑洞”不是真正的山洞，仅仅是起伏不平的花岗岩形成的一个岩龛罢了。那个所谓的“洗脚盆”和“仙人脚印”，都是经过风化剥蚀作用后，在花岗岩面留下的凹凸不平的微地貌。

鼓浪屿的得名，和一块鼓浪石分不开。在岛的西南海边，有两块紧紧挨着的岩石，中间留下一个竖洞。每逢涨潮的时候，波涛撞击着岩石，发出如击鼓一样的嘭嘭声响，所以叫做鼓浪石，鼓浪屿的名字也就这样得来了。

鼓浪屿和厦门之间是一条狭窄的海峡，猛一看，很像一条江，由于常常有成群结队的鹭鸶飞来，所以叫做鹭江。

知识点

1. 鼓浪屿在厦门旁边，隔着大海可以望见大担岛、二担岛。
2. 鼓浪屿是一座花岗岩岛屿。
3. 鼓浪屿上有许多花岗岩球状风化生成的怪石。
4. 鼓浪屿最高峰是日光岩。
5. 鼓浪屿的名字来源于鼓浪石。

“凌波仙子”水仙花

我喜欢水仙花，喜欢它淡淡的色彩、淡淡的幽香。

是啊，水仙花不是大红大紫的，没有牡丹般华丽，没有玫瑰般浓郁的芳香。几片白色的花瓣，托起一个黄色的花蕊，散发出淡淡的香气。简简单单，清清爽爽，一点也不夸张。

我喜欢水仙花，喜欢它幽静的气质、幽静的模样。

是呀，水仙花不是在万紫千红的春天与百花争艳，争夺花的女王的桂冠。而是在冬天还没有结束、春天还没有到来的时候，独自静悄悄开放，好像自甘寂寞的隐士一样，从来也不自我张扬。

我喜欢水仙花，喜欢它朴素的生活、朴素的情操。

是的，水仙花不是栽培在花坛里，几乎不沾染一丁点泥土。几块小小的白石子，一个清浅的水盆，它也能自由自在生长。人说荷花出淤泥而不染,水仙花压根就不沾半点淤泥。它常常静静开放在室内,满室都是清香。

天下到处都有水仙花，可是漳州的水仙花最有名气。要看水仙花，请到漳州来吧。

水仙花是漳州市的象征。漳州水仙是我国十大名花之一，被称为“凌波仙子”。

漳州种植水仙花的历史非常悠久。早在15世纪中叶明代宗景泰年间，水仙花就从外地传入漳州了。漳州处处有水仙花，其中以西南郊圆山脚下的蔡坂一带最有名。这里气候温和，土质疏松，

知识点

1. 水仙花可以不沾泥土，直接生长在水里。
2. 水仙花的鳞茎好像洋葱头。
3. 水仙花冬季也能开花。
4. 漳州的水仙花最有名。

上午朝阳，下午阴云，没有亚热带灼热阳光暴晒，加上山泉水灌溉，非常适宜水仙花生长。当地民歌唱道："园山十八面，面面出王侯，一面不封侯，出了水仙头。"称赞这里的水仙花特别好。

水仙花：别名凌波仙子、玉玲珑等，石蒜科水仙属植物。（金继敏 /FOTOE）

漳州水仙花虽然是外地传入的，但是在这样的良好自然环境里，经过人们精心培育，生长得比原产地的更好。漳州水仙一天天出名了，有"天下水仙数漳州"的说法。

漳州水仙花主要有两个品种。一种是单瓣的，六片白色花瓣托着金黄色的环状副冠花蕊，好像一个小酒杯，叫做"金盏玉台"，又叫"酒杯水仙"；另外一种是重叠排列的复瓣，没有中间的副冠花蕊，微微卷曲发皱的花瓣，好像美丽的百褶裙，叫做"百叶水仙"，又叫"玉玲珑"。不管是哪种水仙花，花期都很长，发出淡淡的花香，十分惹人喜爱。

为什么水仙花叫这个名字？和它的特殊生长状况分不开。虽然它最初也生长在泥土里，但是经过人工培育，可以完全用清水供养。古代诗人描写道："借水开花自一奇，水沉为骨玉为肌。"每到过年的时候，家家户户清供水仙作为年花。

水仙花是鳞茎，好像一个洋葱头，所以又叫天葱、雅蒜。细细的根好像银丝似的，伸展在清水里，看得清清楚楚。别的花卉尽管花瓣漂亮，但哪能瞧见伸展在下面的根呢？

水仙花好像一位君子。人们喜爱它，不仅因为它有美丽的外表，而且还有这样君子般的品格。

漳浦“黄金海岸”

我在福建漳浦海边发现了一处奇异景观。

我拜访了厦门鼓浪屿钢琴之乡、漳州水仙花之乡，心满意足准备回去。候车的时候，一个人对我说：“你打那样老远来，不看看咱们的漳浦海岸就走，准会后悔一辈子。”

不消说，他就是漳浦人，对自己的家乡这样自豪，准是那里有出奇的风光。我一想，漳浦距离这里不远，何不跟他一起去看看呢？

我打定了主意，怀着好奇心，换了一张车票跟他走。这个漳浦老乡对当地情况非常熟悉，带着我东跑西跑，顺着弯弯曲曲的海岸，一口气走了很远很远。这里到处都是古里古怪的大石头，加上雪白的沙滩，风光的确不错。虽然路线很长，在乱石堆里转来转去很不好走，但是我一点也不觉得疲倦。

走了没多远，他指着海边一块岩石说：“你看，这像什么？”

我抬头一看，几乎惊奇得喊叫起来。哎呀！这岂不是一只活脱脱的恐龙吗？只见它高高耸起身子，两条前脚紧紧抱住一个圆溜溜的东西。

热心的漳浦老乡点头说：“你真有眼力呀。这个形象就叫做偷蛋的恐龙。”

听他这么一说，我陡然想起，从前看过一本介绍恐龙家族的书，有一种专门偷别的同类的蛋的恐龙，绰号叫做窃蛋龙，就应该是它了。

那个漳浦老乡听了，兴奋得亲昵地拍我一巴掌，说：“你太有才了！这就是窃蛋龙。”

往前又走了没多远，他把我带到一片岩石海滩跟前，指着眼前的景象说：“你看，这是什么？”

福建漳浦六鳌半岛崂岈山，海蚀风化花岗岩的纹理，呈现出绚丽多姿的图形，是中国罕见的海岸奇观，被誉为“抽象画廊”。（赖祖铭 /FOTOE）

我低头一看，只见地面排满了一个个奇异的圆圈。说是锅，不是锅；说是盆子，不是盆子，一下子想不出是什么东西，只是觉得很稀奇。

接着再往前走，瞧见海边崖壁上涂绘着一幅幅奇怪的图案，活像现代派画家笔下的抽象画。看了老半天，也不明白其中的奥妙。

这里的奇特景物多极了，还有许多巨大的石蛋和紧密排列的石柱，一下子说也说不完。我是文科专业毕业，不懂地质学，只好端起相机咔嚓咔嚓猛拍一通，带回去请地质专家解释，顺便向旅游局报告，让他们赶快开辟一条旅游路线。

人们玩够了厦门、漳州再到这里来，准会像我听了那个漳浦老乡的话一样，觉得不虚此行。看了厦门、漳州，不到旁边的漳浦海岸来，准会后悔一辈子。

漳浦海岸线弯弯曲曲，有半岛、有港湾，直线距离虽然不长，弯曲的海岸线却有 200 多千米，弯曲的程度可想而知。

为什么漳浦海岸线这样弯曲？因为这里是岩石海岸，一些地方地势高，一些地方地势低。低处被海水浸漫，高处露出水面。

为什么这里有许多奇特的景观？

因为这里的岩石性质复杂，所以表现出的形态也非常复杂。这里的岩石主要是坚硬的花岗岩，岩体非常破碎，所以能够生成许多奇形怪状的岩石，所谓的窃蛋龙形象就是其中之一。

球状风化的花岗岩还能生成许多滚圆的石蛋，造成另一种奇观。在遥远的地质时期，这里还有火山活动。

那些密集分布的古怪圆圈，就是许多火山喷气口。奇异的多角形石头，是海蚀暴露出的玄武岩柱状节理。所谓的天然“抽象画廊”景观，是岩石里夹藏着不同物质产生的。

漳浦海岸风光实在太精彩了，走遍了南方和北方沿海，也难以找到这样奇异的海岸景观。

知识点

1. 漳浦沿海是花岗岩和玄武岩海岸，有许多奇异的岩石景观。
2. 这里有球状风化的石蛋。
3. 这里有火山活动的遗迹。
4. 这里是新奇的旅游黄金海岸。

福建海边“穿堂风”

我到福建海边游玩，有人好心提醒我：“这儿的风多，也很大，可要小心呀！”

什么是风？空气流动形成了风。空气不可能不流动，所以时刻都有风，问题只是大小而已。

这里的风到底有多大？我可算领教了。一股风吹来，站不稳脚跟，差些被刮进大海。

这里的大风到底有多少？一位老奶奶一本正经地说：“妈祖过生日这天，有妈祖风，来得可准时啦。”

旁边一个老公公补充说：“还有彭祖风、玉帝风、灶公风。不管什么神仙过生日，都会刮风下雨。”

这些民间传说不一定可靠，却也不能不听。传说中的神仙多得是，也就常常刮大风了。听他们说得那样活灵活现，没准是祖祖辈辈积累下来的一点经验之谈吧。

为什么海边的人们这么关心风？不消说，这和出海捕鱼和通常航行有关系。古时候木帆船时代，海上航行要看风浪的脸色，弄不好就会船翻人亡，造成可怕的悲剧。生活在这里的人们，怎能不留神到处溜来溜去的风，总结出一条条经验呢？

我问当地人：“风带来坏处，有没有好处？”

人们异口同声地回答：“什么事情总是有利有弊，风的好处

知识点

1. 福建沿海的风很大。

2. 福建沿海的风主要是台湾海峡里的穿堂风。

3. 福建沿海已经建成了风力发电站。

福建平潭岛日落。（范纯昌 /FOTOE）

一下子说也说不完。”

是呀，帆船出海就得依靠风。这岂不是一个最明显的例子吗？

福建海边的风这么大，除了帮助航行，还能让它怎么进一步为人们服务呢？有人告诉我：“开发风力发电呀！平潭岛早就建立了风力发电站，还可以修建更多呀。”

说得对！这里发展风力发电再好不过了。

福建沿海的风的确又多又大。例如东山岛年平均风速为 7.1 米，平潭岛年平均风速为 6.9 米。和其他地方比较一下，黄山山顶年平均风速只有 4—5 米，号称“世界屋脊”的青藏高原，年平均风速一般也只有 3—4 米。相比之下，福建沿海的风真不小。

为什么这里的风这么大？除了别的原因，还因为这是台湾海峡里的一股穿堂风。想想台湾海峡里的澎湖列岛的风有多大，就可以想象处于同一个海峡里的福建沿海的风是怎么来的了。

福建沿海风力资源丰富，根据初步勘测，福建全省可供近、中期开发的陆地风场有 17 处，总装机容量可达 156 万千瓦，年发电量约 43 亿千瓦时。除了平潭岛风力发电站，当地还计划在未来几年内，再建设漳浦六鳌、东山澳角、惠安崇武、长乐江田、漳浦古雷、诏安梅岭等多座风力发电站，总装机容量可以达到 60 多万千瓦。台湾海峡的穿堂风再也不是令人头疼的凶神了，必定会在人们的安排下，老老实实低头为人民服务。

乌龙茶的传说

请听，这是一个乌龙茶的故事。

传说在清朝雍正年间，福建省安溪县西坪乡南岩村有一个名叫苏龙的茶农。安溪虽然距离海边的厦门、泉州都不远，但是到处山连山、林连林，一片片起伏的山冈，野兽随时出没。为了保护茶园，也为了改善生活，苏龙不得不拿起猎枪，练成一个好猎手。他平时除了采茶，就在山里打猎。

说起这个苏龙，还得多说几句。因为他老是在山野里生活，皮肤晒得黑黝黝的，身体非常魁梧健壮，动作十分灵活敏捷，所以乡亲们都叫他“乌龙”。大家随口叫惯了，反倒把他的真名忘记了。

有一年刚刚开春不久，乌龙腰挂茶篓，身背猎枪上山去采茶。到了中午时分，一头山獐忽然蹿了出来。乌龙连忙开枪射击，受伤的山獐拼命逃跑，一下子就钻进了密密的山林。乌龙紧紧追赶，好不容易才抓住了它。他背着山獐慢慢走回家，天已经黑了，一家人忙着宰杀猎物，把制茶的事忘得精光。乌龙第二天想起了这件事，连忙去看采摘回来的茶叶。想不到放了一夜的新鲜茶叶已经有些发红，散发出一阵阵奇异的香气。茶制成后特别清香醇厚，完全没有平常那种苦涩的味道。

乌龙非常高兴，再经过一次次反复，终于摸索出一套完整的制作工序，制出了一种品质优良的新茶。这种新茶取什么名字好呢？因为和乌龙有关系，干脆就叫乌龙茶。乌龙茶出名了，安溪也出名了，成了乌龙茶的茶乡。

在茶叶分类中，乌龙茶属于

知识点

1. 乌龙茶是半发酵的青茶。
2. 闽南山区是乌龙茶的故乡。
3. 乌龙茶有保健的功效。

“大红袍”茶叶，是中国乌龙茶中极品。（刘朔 /FOTOE）

半发酵的青茶的一种。其他还有完全不发酵的绿茶、微微发酵的黄茶、轻度发酵的白茶、全发酵的红茶、后发酵的黑茶等。主要分为绿茶、青茶、红茶三大类。

乌龙茶外表为青褐色，所以又叫青茶。介于绿茶和红茶之间的乌龙茶，既有绿茶新鲜的风味，又有红茶甜醇的特点。人们说喝了乌龙茶，齿颊留香，回味无穷，一点也不错。

乌龙茶还能够分解脂肪、减肥健美、抗肿瘤、预防老化，有药用效果。人们说，饭后一杯乌龙茶，除了能生津止咳、口气清爽，还有预防蛀牙的功效。

乌龙茶的主要产地在福建、广东和台湾。名贵品种有闽南安溪的铁观音、闽北武夷山的岩茶、广东的凤凰单枞、台湾的高山冻顶乌龙茶。

女王头奇观

哗啦，哗啦……

太平洋边的波浪，一下又一下，拍打在台湾东北角的野柳海岸边，拍打着岩石，整日整夜哗啦哗啦响个不停。

哗啦，哗啦……

波浪啊，你想说些什么话？为什么这样执着，这样性急，老是在游客的耳朵旁边絮聒？

哗啦，哗啦……

一阵波浪扑上岸，顺着波浪的方向，人们这才看清楚，岸边有一个奇怪的天然石头雕像。

瞧呀，真奇怪呢！一个又细又长的脖子上面，托着一个大脑袋。有鼻子、有眼睛，头顶上盘着高高的发髻，高傲地翘着下巴，仰望着天空和大海，好像一个古代的女王。

瞧呀，它的线条匀称，色彩分明，下面是土黄色，上面是黑色，活像一个黄皮肤女王。

哗啦，哗啦……

一阵阵波浪发出震天喧响，好像争先恐后向人们回答。

说对啦！说对啦！它的名字就叫做“女王头”，是野柳海岸的主人，是台湾岛的象征。

哗啦，哗啦……

阵阵波浪声中，外来的拜访者忍

知识点

1. 著名的“女王头”在台湾东北角的野柳海岸公园内，是台湾海岸地貌的象征。

2. “女王头”是一个浪蚀石蘑菇。

台湾新北市万里区，野柳地质公园内的“女王头”景观岩礁。(靖艾屏 /FOTOE)

不住会问："它是谁？有没有姓名？它是神秘的女神，还是远古部落的首领？"

这个"女王头"是怎么生成的？是哪位大师的作品？是洪荒时代留下来的古迹吗？

哗啦，哗啦……

波浪一下下拍打着岩石，发出砰砰的声响，好像对人们说："不，不是这样的……"

波浪声声响，海风呜呜吹。一阵海风吹来，拂乱了我的头发。

啊，会不会是风？是它，这个天空中的隐身大力士，千年万年不停地吹刮，塑造了这个奇怪的雕像？

哗啦，哗啦……

波浪一下下拍打着岩石，发出砰砰的声响，好像对人们说："不，不是这样的……"

到底是怎么一回事？性急的波浪一下子解释不清。

哗啦，哗啦……

一阵更大的浪头扑上岸，一直扑到"女王头"旁边。

啊，瞧见了这一幕，人们终于明白了。就是它，海边的波浪，冲上了岩石海岸，慢慢雕刻形成了"女王头"。

哗啦，哗啦……

波浪不停地拍打，发出欢快的声响，好像对人们说："对啦！对啦！这就是我的杰作呀。你喜欢吗？你喜欢吗……"

"女王头"是台湾海边最有名的风景点。

这种"脑袋"大、"脖子"细的天然石头雕像，叫做石蘑菇。各种不同的环境里，都有同样的石蘑菇。当然，在不同的地方，石蘑菇生成的原因不一样。海边的石蘑菇，当然是海浪的产物。

为什么"女王头"上下颜色不一样？因为岩石性质不一样。虽然它整体是一块砂岩，但是上下含的成分有差别，就形成不同的黄黑颜色。

冬天到基隆来看雨

有一首流行歌曲唱道："冬天到台北来看雨，别在异乡哭泣……"

台北冬天的雨是一道特殊的地方风景线。每到冬天来临的时候，台北就一片雨水蒙蒙。隔着雨雾看台北，好像隔着毛玻璃看风景，别有一番说不出的惆怅和情趣。台北似乎和冬天的雨紧紧联系在一起，完全融进这首传唱千里的歌曲里了。

其实，台北的冬雨还并不算太多。如果把这首歌的歌词改为"冬天到基隆来看雨……"，那就更加恰当了。

爱雨、爱唱歌的朋友，请到基隆来吧，让我们把这首歌接着唱下去："冬天到基隆来看雨，别在异乡哭泣。冬天到基隆来看雨，梦是唯一行李……"

基隆的冬天，雨水比台北多得多。站在基隆公园狮头山顶看雨中的城市，会觉得更加凄迷美丽。远远近近顺着山坡散布的房屋，一条条宽宽窄窄的街巷，连同停泊在远处港口里的船舶，更远的灰沉沉的大海，都融进一幅模模糊糊的雨中图画里。

如果正好是小小学童上学或放学的时刻，无数披着各种各样颜色的雨衣，穿着小小雨靴，踏着路面积水啪嗒啪嗒响的孩子们，成群结队地在眼前穿梭晃动，那就会使这幅雨景显得更

地名资料库

基隆是台湾北部最大的港口城市。因为海边一座山的形状很像鸡笼，所以这里从前叫做鸡笼。又有人说，从前这里是高山族凯达喀兰人居住的地方。在闽南方言里，"凯达喀兰"的读音就是"鸡笼"。清代光绪元年（公元 1875 年）这里才改名为基隆，设立基隆厅，含意是"基地昌隆"。

台湾基隆港风光。（佳佳 /FOTOE）

加有灵性、更加完美。此时此刻，如果耳畔再轻轻响起那个熟悉的歌声“冬天到台北来看雨，别在异乡哭泣……”，心里会是什么滋味？

歌声里的“台北”两个字，一定会幻化为“基隆”，心头会不由自主地浮起“好一个雨港基隆”的赞叹。

你不信么？请你到基隆来，自己体会一下这雨中基隆的感染力吧。

基隆三面环山，一面对着基隆河，直通外海，是从海上进入台湾北部的门户。

基隆是有名的“雨港”，全年平均下雨的日子有 214 天，年平均降水量达到 3043 毫米，几乎三天就有两天下雨。这里和台北一样，冬季前后的雨水最多。每年 10 月到第二年 3 月，是阴雨连绵的雨季。其他的月份也是湿漉漉的，虽然不是阴雨绵绵，却少不了天天来一场暴雨。这样漫长的雨季，别处是少有的。

其实基隆的雨水还不是最多。距离基隆港口不远的火烧寮，年平均降水量高达 6489 毫米，其中最多的是 1921 年，降水量曾达 8409 毫米，是我国独一无二的“雨极”。

为什么这里的雨水这么多？

这是海上四季风和地形的影响。这里春、秋盛行西南季风雨，夏天有东南季风雨和台风雨，冬天又有东北季风雨。不消说，特别是在每年 10 月到第二年 3 月间，含有丰富水汽的东北季风从海上吹来，遇着屏风一样的山地阻挡，沿着迎风坡上升凝结形成地形雨，降水量超过全年总降水量的一半，比其他季节多得多。

讲到这里，顺便说一下。为什么基隆的小学生都穿雨衣、雨靴？就是由于这里下雨天太多了。人们担心孩子们细弱的手臂没有力气老是举起一把伞，所以才提倡穿雨衣。

知识点

1. 基隆是台湾北部的门户，原名鸡笼。
2. 基隆的雨比台北多得多，三天就有两天下雨，是有名的“雨港”。
3. 基隆的雨季特别长。
4. 基隆附近的火烧寮是我国的“雨极”。
5. 基隆雨多的原因是受海上四季风和地形的影响。

台北的“火圈”

请问，中国的各大城市里，有谁睡在火山旁边?

只有台湾省的省会台北，才日日夜夜伴着火山休息。

这是真的吗?是的，台北坐落在一个小小的山间盆地中间，西北边是观音山火山群，东北边是大屯火山群，更远处还有基隆火山群，几乎在火山的包围之中。它的历史，早就和火山结下了不解之缘。

从台北市内开车往北，经过圆山饭店、台北故宫博物院和蒋介石从前居住的士林官邸，顺着阳明山上的盘山公路，不一会儿就驶到一个烟雾弥漫的山谷，这就是大屯火山群里有名的硫黄谷。

硫黄谷，好一个名副其实的名字。刚刚走到跟前，就迎面扑来一股浓浓的硫黄气味，呛得鼻子很不舒服。顺着烟雾弥漫的方向看去，这里有一个碗形的火山口，烟雾和硫黄气味就是从火山口里冒出来的。原来这是一座活火山呀!

仔细一看，这个火山口保存得非常好，只有一个缺口，是从前火山喷发时，滚烫的熔岩流溢出去的通道。

有趣的是，这个活火山口尽管日夜不停地喷发硫黄气味，似乎正跃跃欲动的样子，却没有一丁点危险。所以这里才被开辟为游览胜地，每天都挤满了满怀好奇心的观光游客。

台北附近还有许多火山，统称为大屯火山群，硫黄谷只是其中的一个。这些火山有的还在喷烟，有的已

知识点

1. 台湾是环太平洋火圈的一部分，位于花彩列岛的中段。

2. 200 多万年来，台北地区经历过四期剧烈的火山活动。

台北竹子湖小油坑死火山口。（嘉伟 /CFP）

经熄灭了，却都有在新生代期间喷发的历史。其中，海拔1081米的大屯山顶的火山口积满了水，形成一个水汪汪的湖泊，是台北近郊一个有名的景点。

有火山，就有温泉。台北附近的温泉有很多，不管观音山火山群，还是大屯火山群，都有不少温泉。火山和温泉，构成了台北自然景观的一个罕见的特点。走遍全国各大城市，真还没有这样的特色呢。

台北的第一页历史，是火的历史。早在原始洪荒时代，这里就经历过惊心动魄的火的洗礼。掰着手指算，总共有四期火山爆发。

大约在280万年前，大屯山首先爆发，揭开了这里的火山活动的第一幕。过了100多万年，竹子山和别的一些火山也爆发了。从竹子山火山口里流出来的滚烫熔岩，顺着山坡淌流得很远，一直流到北边富贵角一带的海边。七星山和大屯山的山腰上，还炸出一个裂口，生成两个寄生小火山。五六十万年前，这里上演了第三幕火山活动剧，西边的观音山也扮演了主角。三四十万年前，最后一期猛烈火山爆发，生成了烘炉山和面天山。漫长的火山历史时期就渐渐结束了。

人们看见的硫黄谷烟气，是这里火山活动的最后证据。所有的一切都表明，台北的历史从来也没有和火山活动分离过，是一个不折不扣地在火焰里诞生的地方。为什么这样？因为这里是有名的环太平洋火圈的一部分，位于东亚大陆外缘，花彩列岛的中段，地壳最不稳定的地方呀。

旗津的夕阳

漫长的一天渐渐消尽了，暮色悄悄升起来。我坐在旗津的海边沙滩上，眼望着一轮又圆又大的殷红色夕阳，慢慢在西边的海上沉下去。

它沉落得很慢很慢，仿佛还在贪恋人间，用最柔和、最温柔的目光，注视着下界的大海和这边的岛岸。不消说，它也在深情地注视着海边沙滩上三三两两的人群，似乎有什么话要说，却又忍隐着没有发出声音。

夕阳下的大海非常平静，只是在夕阳的照射下微微动荡着，失去了往昔怒潮澎湃的气势。一阵阵波浪轻轻拍打着我脚下的沙滩，发出很轻很轻的声响，像一连串模糊不清且难懂的不连贯语句，使人无法捉摸透其中的含意。

海水仿佛受了温情的夕阳的感染，也想吐出什么心里话，却又没法一下子痛痛快快表达出来。夕阳映照着海水，把它也变成一派奇异的暗红色，给人一种说不出的感觉。那是一种失落，一种向往，一种怀恋，各种各样不平静的思绪纠合在一起，合成了怅然若失的心情，搔弄得心酸酸的、甜甜的，鼻子痒痒的，眼睛不知不觉有些模糊湿润了……

夕阳沉落的那边是哪里？

那是至亲至爱的祖国大陆呀！

我忽然有一种难言的冲动，在心头默诵着于右任暮年写的《国殇》：“葬我于高山之上兮，望我故乡；大陆不可见兮，永不能忘。葬我于高山之上兮，望我大陆；故乡不可见兮，只有痛哭。天苍苍，海茫茫，山之上，国有殇！”不由得使人想起他白髯飘飘、老泪纵横的样子。只不过这里不是高山，而是隔断了台湾和大陆的一片浅浅的海水。

这海啊，很宽很宽，也很窄很窄。到底是宽还是窄，一下子难以说清，

台湾高雄旗津岛风光。（黄谿 /FOTOE）

激荡着人心很不平静。

我回头朝身边的沙滩望一眼，只见在越来越黯淡、越来越模糊的暮色下，远远近近散布着一个个人影。有的三两成群，有的独自枯坐，仿佛都被眼前的海峡暮色震慑住了，谁都没有作声，没有微微动一下，像陪衬这幅动人景色的一个个小小的剪影。

他们真的没有动一下吗？

不，我似乎有了一种特殊的心灵感应，感受到他们心的深处在不平静地波动，比拂面的海风更加急促，比眼前的大海起伏得更加激烈。

大陆不可见兮，永不能忘。

故乡不可见兮，只有痛哭。

天苍苍，海茫茫，海之上，有怅惘……

旗津半岛在高雄港外，全长 11.3 千米，平均宽约 200 米，完全是由松散的沙子组成的。它好像一道天然防波堤，挡住了外海的波浪。高雄港就藏在这道长长的沙堤背后，只有一个 130 多米宽的口子和外海相通。堤外波涛喧天，堤内风平浪静。

有了它，才能形成口小腹宽的天然良港，使这座台湾南部的大城市成为名扬四海的海港，号称南方“港都”。

这道沙堤是怎么形成的？地质学家说：“这是沿岸海流堆积的一道沙堤呀。”

说对了。这样的沿岸沙堤在自然界里有很多，隔断了堤内的水域和外面的大海，在沙堤背后形成了一个特殊的潟湖。高雄港就多亏这道沙堤的保护，才能藏在它后面的潟湖里，成为一个大港，全年货物吞吐量达 5000 多万吨，大约占台湾省所有港口货物吞吐总量的一半以上。

知识点

1. 高雄港外的旗津半岛是一道很长的沙堤。只有依靠它的保护，高雄港才能形成一个大海港。

2. 旗津半岛是沿岸海流堆积泥沙生成的。

3. 堤内的水域是一个潟湖。这种潟湖分布在沿岸海流发达的沙质海岸边，是一种特殊的海岸地貌。

荒凉的“月世界”

有人在台湾登上了“月球”！

这是真的吗？

说真，不真；说假，也不假。信不信由你，且听我慢慢说吧。

到这个神秘的月世界，不用像嫦娥一样偷吃灵药，也不用戴着氧气面罩乘坐宇宙飞船。只需要搭上公共汽车，就能一下子到达目的地。

我离开台北，沿着纵贯南北的高速公路，一口气赶到南台湾中心高雄。一路上只见片片碧绿田野，座座蕉园椰林，加上万紫千红的野花，不愧是祖国的宝岛，真美丽极了。高雄市内车水马龙，繁华程度不亚于台北。到了这里必定首先要访问一个出奇的地方，才不枉我辛辛苦苦一行。

一个当地朋友说：“我陪你到月世界去看看吧。”

我漫不经心地问他：“这是一个夜总会的名字吧？”

他笑眯眯地摇头说：“不，月世界就是月世界，和无聊的夜总会没有半点关系。”

听他这么一说，我好奇极了，立刻跟他前去探访。汽车往前走了不远，拐过几片田野，一下子稀里糊涂闯进一个古怪的地方。

那位朋友说：“下车吧，月世界到了。”

我下车一看，有些不相信自己的眼睛了。只见眼前一片荒凉的土地，到处都是一条紧挨着一条的沟壑，地表被切割得乱七八糟，裸露

知识点

1. 台湾高雄附近有一个寸草不生、沟壑密布的“月世界”，是一种叫做劣地的微地貌。

2. 劣地大多发生在土质疏松的干旱地区，是强烈切割的结果。

出一片锯齿状的斜坡，几乎没有一丁点完整的地面，简直惨不忍睹。说一句实在话，这个景象和月球探险的影片真有几分相像。如果不是在高雄近郊，真的会以为踏上了月球。

台湾高雄港风光。（佳佳 /FOTOE）

咦，这是怎么一回事？我抱着脑袋想了老半天，也想不明白。

这绝对不是做梦，没有放迷幻药，不是电影布景，也不是外星人，而是千真万确的景物，谁能告诉我其中的秘密？

这是一种特殊的微地貌景观，教科书上叫做劣地。

什么是劣地？照搬教科书上一句话来说，就是“单位面积内过度集中切割的土地”。

这个“过度集中”听起来文绉绉的，不容易理解。说白了，就是一条条细小的冲沟密密分布，把地面切割得支离破碎。劣地一般生成在土质松软的干旱地区，在西北黄土高原上就很常见。别的地方如果植被严重破坏，在强烈雨水和地面水流冲刷下，也能够形成这样的地貌。遍体鳞伤的地面，简直惨不忍睹。劣地这个名字，真是再恰当不过了。

台湾的这个“月世界”在高雄县田寮乡。由于环境保护得不好，地表在暴雨冲刷下，逐渐成了现在这样。1999 年“9.21”地震后，震中的南投山区许多地方出现严重崩塌，植被破坏，土地裸露，也出现了劣地的苗头。由此可见环境保护多么重要。

开玩笑的冒牌“火山”

清朝康熙六十一年(公元1722年)7月11日,高雄附近的凤山县境内,一块地皮忽然开裂,裂口有二十几米长、十几米宽,突突地涌出许多黑色的软泥。第二天晚上,又冒出一股三米多高的火光。熊熊的火焰散发出热气,炙烤得人不敢走近。人们觉得非常奇怪,不知道发生了什么事情。

这事就完了吗?才不呢!第二年的一个夜晚,同样的地方又冒出一片火光。人们一看,只见地面冲开了两个小洞洞,流出许多乌黑的稀泥,周围的野草都被烧得精光。

咦,这是怎么一回事?人们紧张起来了。是不是地下火山快要爆发了?那可不是闹着玩的呀!

大家心里七上八下的,好不容易捱过了好几天,什么事情也没有发生,只是在冒出火光的地方,从地下喷出了一股又一股又黏又稠的泥浆而已。地面咝咝地冒着气泡,泥浆像是开玩笑似的突突喷射出来,除了在附近地面上留下一大摊稀泥,没有给人们带来任何伤害。最后似乎连它自己也觉得这种恶作剧实在太腻味了,才不声不响地结束了这场闹剧,只在地面留下了一个低矮的小土丘,作为这场不寻常的游戏的唯一证据。

这是什么东西?时间慢慢过去,疑问终于摆在了科学家的面前。科学家看了说:“这是泥火山呀!”

高雄附近的泥火山不止一个,人们早就见惯了这种现象,谁也没有把它当成了不起的大事。

据当地人说,这里随时有泥火山喷发。有时接连喷发两天两夜,有时不到一天就停了,似乎全看它自己的“心情”。

既然是泥火山,是不是总和真正的火山有一些关系?因为它喷发的时候，常常散发出一些硫黄气味。有人想，泥火山喷发出来的稀泥浆里，必定有许多硫黄吧？把它提炼出来，岂不是一条生财之道？可是他们兴致勃勃收集起来煎熬一阵，却什么也没有得到。唉，泥火山又给人们开了一个玩笑。

泥火山喷发形成的地貌。（赵承安 /CTPphoto/FOTOE）

台湾有许多泥火山。据统计，在台南、高雄、屏东、花莲、台东等地，总共有 17 个泥火山区，散布着 64 座泥火山。其中以高雄一带最多。

高雄附近有两大串泥火山，平行排列着，从东北向西南延伸。

一串在台南和高雄两地交界的地方，从东北向西南延伸。其中一个小滚水泥火山，有一个 70 厘米宽的喷泥口，每隔十几分钟就发出咕噜咕噜的声音，喷出一股泥浆，真有趣。

另一串在千秋寮地区，是一个标准的喷泥盆，有 15 米宽。大股大股的泥浆从中间冒出来，激起一圈圈黏糊糊的涟漪，慢慢往外扩散，也很有趣呢。

这里的泥浆都很黏稠，顺着斜坡慢慢流淌到远处。它们的表面变干变硬后，里面还是松散的，踩在上面还有弹性呢。

泥火山不是真正的火山。生成泥火山必须有三个条件。

其一，地下必须有充足的泥质岩石，才能和地下水搅混在一起，变成泥浆冒出来。

其二，必须有天然气往外涌，才能带出地下的泥浆。

其三，地壳必须有裂缝，天然气和泥浆才能顺着裂缝冒出来。

啊，原来泥火山和天然气活动有关系呀！

清水大断崖

这里是山和海直接拥抱的角落，是山巨人和海龙王面对面碰撞的地方。一道刀砍斧劈的断崖，截断了大海的去路，掀起滔天巨浪，发出震耳欲聋的声响，组成一幅特殊的山海相会的图像。

啊，这是什么山？

远眺清水断崖。清水断崖是台湾苏花（苏澳—花莲）公路最壮丽的一段，悬崖上开凿公路，下为浩瀚太平洋。（黄谿/FOTOE）

这是纵贯台湾的山脊梁。山势高大挺拔，岩石坚硬刚强。只有这样的山、这样的岩石，才能构成眼前的摩天山墙，挡住排山倒海的波浪，藐视太平洋。

啊，这是什么海?

这是傲视一切汪洋大海的“沧海之王”，号称世界“海老大”的太平洋。只有这样的海，才能掀起这样的滔天巨浪，发出震耳欲聋的声响。只有它向这道山墙叫板，坚持不懈地奋力冲撞。

猎猎长风八万里，催动太平洋的波浪，到处横冲直撞，谁也甭想阻挡。想不到忽然遇着这道高高的山墙，半步也不退让。

海龙王气势汹汹，鼓起千万重惊涛骇浪，朝拦路的山墙奋力冲撞。

山巨人敞开自己的岩石胸膛，毫不低头退让。它硬顶住层层波浪，激发起滔天巨浪，整日整夜冲撞着崖壁嘭嘭响。

啊，原来这是中国独一无二的太平洋海岸呀。不同寻常的山，不同寻常的海，直接在这里对话，难怪会营造出这样动人心魄的景象，令人好难忘。

清水断崖在台湾省的东海岸，北起宜兰县的苏澳，南至花莲县的崇德，全长 90 千米。因为当地有一个小镇叫做清水，所以整道断崖都叫这个名字。清水断崖是世界上最高最陡的海滨悬崖之一。

这道悬崖绝壁紧逼海边，崖脚直插入海，面前不留半点平地，好像一道长长的天然长城，迎面挡住了汹涌翻滚的太平洋波涛，不让它再往前进半步。

悬崖有上千米高，最高的地方海拔

1200 多米。这道悬崖又像一道高高的挡风墙，挡住了凶猛的海上风暴，屹立在这里岿然不动。

从前有一艘外国科学考察船开到这里，打算抛锚停泊，想不到把锚链放完了也没有到底。经验丰富的船长不由得吃了一惊。

原来这里的海水几乎深不见底。他走过五湖四海，还没有见过这样的悬崖海岸。

为什么这里的悬崖这样高，海水这样深？

原来这是一条巨大断层经过的地方，上升的一边形成了又高又陡的悬崖，下降的一边生成了深深的海滨。陡峭的清水断崖就是这样一道典型的断层崖。

清水断崖面前真的不能停泊船只吗？

不，这里有花莲、苏澳、南澳等好几个优良的港口，是我国面对开阔太平洋的商港和渔港。

清水断崖真的阻断了交通吗？

不，清朝同治十二年（公元 1874 年），驻守台湾的十三营官兵，在罗大春提督亲自率领下，将绳子拴在腰上，吊挂在悬崖绝壁间，耗费了两年时间，硬从笔陡的悬崖上开辟了一条道路。后来道路逐渐加宽，成了一条连接南北的大道。

知识点

1. 台湾东海岸的清水断崖好像一道高高的山墙。
2. 清水断崖笔直插入大海。
3. 清水断崖是一道断层崖，一边上升，一边下降，形成了这个奇观。

太鲁阁大理石峡谷

这是一条石头缝，还是一道山谷?

说它是石头缝，中间有一条急流穿过，天下哪有这样的石头缝? 说它是山谷，却又狭窄得像一条石头缝。

我们把两句话综合一下，说它是石头缝一样的峡谷吧。

这是什么石头?

仔细一看，不禁惊奇得喊叫起来。

哇，这是美丽的大理岩呀! 人们习惯把大理岩叫做大理石，它是极其珍贵的雕塑材料。我们见过许多大理石雕塑珍品，不管雕刻得多么栩栩如生，却只不过是一些小小的陈列品。有的只是掌中品玩的小玩意，最多也不过是一尊人物塑像，比真人大不了多少。那些大理石雕刻总有些小气，怎么能够和这里的大理石峡谷相比呢?

和别的峡谷一样，这道大理石峡谷也是水流雕刻师的杰作。

这是什么溪流?

人间的大理石雕刻都是雕刻大师操刀。如此巨大的一条大理石峡谷，该是长江、黄河那样的巨川大河刻画的吧?

啊，不，想不到切割这条大峡谷的，竟是一条毫不起眼的小小山间溪流。请你记住它的名字，叫做立雾溪。这条小小的溪流，竟像一把尖刀，切

知识点

1. 太鲁阁峡谷非常狭窄幽深。

2. 太鲁阁峡谷两边的岩石是大理岩。

3. 穿过太鲁阁峡谷的立雾溪落差特别大，水流特别湍急。

4. 地壳迅速抬升，溪流迅速下切，是太鲁阁峡谷生成的原因。

台湾花莲太鲁阁国家公园，俯瞰太鲁阁峡谷中的立雾溪和中横公路的桥梁。（黄豁 /FOTOE）

穿了坚硬无比的大理岩，深深切割进大理岩的胸膛，形成了这条峡谷。

看哪，峡谷两边都是紧紧贴着面孔笔直耸立的悬崖峭壁，简直找不到一丁点能够搁脚的地方，真是大自然的鬼斧神工之作。沿着峡谷穿行的公路，不得不在石壁间开凿隧道，干脆从山体中间通行。人们又舍不得抛弃幽深壮丽的峡谷景色，于是在隧道旁边凿开一处处宽大的“窗户”，满足好奇的游客，能够伸出脖子欣赏一线天般的幽谷风光，咔嚓咔嚓拍摄几张照片，带回家作为珍贵的纪念。

我也来到这里，拉着一个可爱的孩子留下一张照片。

“太鲁阁”在当地少数民族泰雅族语言中，是“雄壮美丽”的意思。

太鲁阁峡谷沿着一条东西向的构造裂隙发展，横切中央山脉东段。台湾的中部横贯公路全长 194 千米，其中大部分就沿着这条大峡谷的石头缝穿行，一直到陡峭的清水大断崖附近，和沿太平洋海岸的苏（澳）花（莲）公路连接。

这是一个大理石峡谷。2.3 亿年前的二叠纪石灰岩，经过后期高温高压下的地质作用变质后就生成了这种大理岩。往后随着台湾岛不断迅速抬升，立雾溪不断向下切割，就形成了这条一线天式的大峡谷。

为什么峡谷里的水流这样湍急?

因为立雾溪从海拔 3000 多米的合欢山奔腾而下，到入海口只有 100 米左右。许多地段每千米的落差极大，达到了 20 米—30 米，所以水流异常湍急，生成了许多险滩和飞瀑。

为什么太鲁阁峡谷这样深?

因为这里的地壳抬升得特别迅速，溪流也跟着快速下切，才能将峡谷切割得这样幽深。

为什么太鲁阁峡谷这样狭窄?

因为大理岩特别坚硬，小小的溪流能够把它切开就不容易了，没法向两边扩宽。致密坚硬的大理岩不容易崩塌，能够长期保持峡谷地形。还由于地壳抬升太快，溪流紧紧跟着抬升。溪流只能埋着脑袋不断往下切，没有时间也没有机会向两边扩大。

日月潭之恋

雾蒙蒙，水蒙蒙，日月潭的山水一片迷迷蒙蒙。

山静静，湖静静，日月潭的天地一派安安静静。

水雾蒙蒙的日月潭这样安静，是不是还没有醒？

不，日月潭从来就是这个样子，总是似醒未醒，一副惺惺忪忪的模样。古诗里描写的深闺美人，就是这样的吧？

日月潭的山很青很青，日月潭的水也很清很清。清清的湖水好像拭擦得干干净净的镜子，映照出云里、雨里、阳光下的周围青山，变幻出无穷无尽的图景。

烟雨中的日月潭，好像披着薄薄的轻纱。湖山一片朦朦胧胧，好像一幅淡淡的水墨画。云影和雾气无声无息地在背后的山中和面前的湖波上飘移，变幻出一幅幅连续的画面，使人琢磨不透这是真正的图画，还是仙人施展的魔术。

阳光下的日月潭，闪烁着星星点点的亮光。每一个光点都是一个诗句，组合起来好像一首浪漫的抒情诗。

啊，人间岂止是西子，台湾山中的日月潭也是淡妆浓抹总相宜。

日月潭坐落在玉山和阿里山之间的一个山间盆地里，周围群山环绕。日月潭原本是两个小湖，后来因为发电的需要，在下游筑起堤坝，使水位上升，

知识点

1. 日月潭坐落在一个山间盆地里，是群山怀抱的高山湖泊。
2. 日月潭原本是两个小湖，后来合成为一个大湖。
3. 日月潭是避暑胜地。
4. 日月潭附近有少数民族村庄。

台湾日月潭，由玉山和阿里山之间的断裂盆地积水而成，是台湾外来种生物最多的淡水湖泊之一。（董文革 /FOTOE）

两个湖就连为一体了。湖心有一个小岛，远远看去好像浮在水面上的一颗珠子，所以叫做珠仔屿，后来改名为光华岛，是日月潭的心脏。这个小岛把湖水分成两半，北边一个像圆圆的太阳，是日潭；南边一个像弯弯的月亮，是月潭。日潭和月潭连接在一起，就是日月潭了。

日月潭 7 月平均气温不高于 22℃，1 月平均气温不低于 15℃，是避暑的好地方。

日月潭可不小呢。湖面常态面积 7.93 平方千米（满水位时达 10 平方千米），湖周有 37 千米长，比杭州西湖大些。

日月潭可不浅呀。湖水平均有 30 多米深，比浅浅的西湖深十几倍。

日月潭可不低啊。湖面海拔 748 米，是名副其实的高山湖。平地上的西湖哪能和它相比？

日月潭也不是山中的“野湖”，湖边同样有许多历史文化古迹。有供奉孔子、关羽的文武庙。甚至在玄奘寺里，还藏着唐僧玄奘的一份灵骨。加上高山族的聚落，更加增添了许多情趣。

“9.21”，台湾的阵痛

“9.21”台湾大地震追记。

“9.21”台湾大地震发生于1999年9月21日凌晨1点47分12秒6，震中在北纬23.87度、东经120.78度的南投县集集镇一带。这是一场里氏7.6级的大地震，虽然仅仅持续了102秒，却是台湾的黑色一分半钟。整个台湾岛都发生强烈晃摇，距离比较远的台北也有一座大厦倒塌。海峡对岸的福建等地都有强烈震感。紧接着发生了上万次大大小小的余震。其中

台湾大地震后的灾区，满目疮痍。（SiuKwai/FOTOE）

有几次达到 6.8 级，继续造成灾难。灾区总共死亡 2321 人，受伤 8000 多人，受损的房屋建筑和道路桥梁难以统计。

“9.21”，台湾的阵痛。尽管过了许多年，我们也不能忘记这道深深的伤痕。

我当时正在台湾考察，第一时间赶到现场调查，获得许多第一手资料。翻开当时的记录，至今记忆犹新。

我赶到的第一个地方，是受灾严重的台中县雾峰乡“光复国中”。我还没有走到现场，就远远看见大路中间高高拱起，好像一个很高的台阶，汽车根本就不能开过去。

啊，这是顺着一条断裂带拱成的断层面呀！断层一边抬升，一边下降，把地面撕裂为两半。我顺着这道断层陡坎追索，瞧见它横过了学校的运动场，一直延伸到校外的河边，把原本水平的河堤也造出一个高高的台阶。

这个学校已经被完全毁坏了，一幢幢教室大楼和别的楼房像多米诺骨牌一样噼里啪啦垮塌，见不着一座完好的房屋。事情过去了许多年，听说那里现在还是这个样子，保留下来作为这次地震的遗迹。

我到的第二个地方，是一座有名的寺庙。原来宏伟的庙宇已经变成了一片瓦砾堆，几乎没有一道墙还是竖起的，只留下一个个大大小小方格的屋基，活像考古发掘的现场。有趣的是，好不容易躲过劫难的一些菩萨塑像，也统统搬进了地震棚，接受惊魂未定的信男善女参拜，祈求保佑平安。救苦救难的菩萨们十分委屈地低头住进地震棚，看样子自身难保，不知还能给予信徒什么安慰？

我接着一口气追踪到附近的日月潭边，只见原来蒋介石下榻的住所也被夷为平地。

知识点

1. “9.21”台湾大地震，是 20 世纪台湾地区最大的自然灾害。
2. 台湾位在环太平洋地震带，是地震的高发地区。
3. 台中县“光复国中”是我国保存较好的地震遗址之一。

幽谷里的“飞的花”

冬天来了，天气一天天冷起来。可是这个山谷里却还有些暖气，还有许多花儿开放，空气里弥漫了淡淡的花香，好像一个化外世界。

啊，这是怎么一回事？山谷里有数不清的花儿飘上天空，不声不响上上下下飞扬，真好看极了。这条山谷很长很长、很窄很窄，山坡很高很高、很陡很陡，头顶上留下的空间就不多了。从谷底里、山坡上飘起的花儿很多很多，好像迷迷蒙蒙的柳絮似的布满了空中。只见头顶上到处都是飘飘扬扬的花儿，使人看花了眼睛，心里无限疑惑。

这是冬天，不是春天，怎么会有柳絮飞舞？

这时候山谷里静悄悄的，没有一丝风，怎么会扬起这么多的花儿？

没有风，花儿怎么能自己飞上天？难道这是一个离奇的童话故事，此时此刻人在童话中不成？

抬头再一看，神秘的花儿还在飞呢。远远近近，高高低低，都是五彩缤纷的花儿。

说是五彩缤纷，又有些不对。瞧呀，在这一片色彩鲜艳的飞的花里，最显眼的是一些会飞的黄色花瓣。

飘呀，飞呀，一些黄色花瓣慢慢飘到了身边，人们才仔细看清楚，这些压根就不是什么花，原来是许多美丽的黄色蝴蝶。

知识点

1. 台湾气候条件适宜,是有名的“蝴蝶王国”。
2. 一些地形封闭的蝴蝶谷里，气候条件更好，冬天也很温暖，是蝴蝶过冬的好地方。
3. 黄蝶幽谷里每年能够生出200万只蝴蝶。
4. 台湾最美丽的蝴蝶是凤蝶。

这是什么地方？

这是高雄美浓镇附近的黄蝶幽谷呀。

空中飞舞的哪是什么花儿，几乎都是黄色的蝴蝶。没准正是因为这个幽静的山谷里有许多黄蝴蝶，所以才叫做这个名字吧。

黄蝶幽谷原本叫做双溪谷，因为盛产黄蝴蝶，所以人们顺口把它叫做这个名字。

台湾气候温暖，雨水充足，草木茂盛，本来就是盛产蝴蝶的地方，有“蝴蝶王国”之称。中央山脉以西的许多幽闭的山间盆地，是蝴蝶生活的最佳地方。南投县的埔里、雾社和阿里山的山林地带，都是有名的蝴蝶产地。南台湾的高雄、屏东一带还发现了九个神秘的蝴蝶谷。除了黄蝶幽谷，还有紫蝶幽谷等别的蝴蝶谷。

蒙蒙细雨中，一只停留在豆荚类植物上的蝴蝶。（关煜柔 / CFP）

为什么这里有许多蝴蝶谷？因为这些山谷的地形幽闭，谷地走向和海岸线平行，外面的风吹不进来，谷里四季温暖如春，即使在冬天也保持着温暖的气息。到处古木参天，流水潺潺，鸟语花香，环境非常清幽。所以一到冬天，就有成千上万五光十色的蝴蝶，好像候鸟迁徙似的，浩浩荡荡飞进蝴蝶谷里过冬，把这里装点得像春天一样。直到春天它们才飞出山谷，在全岛到处飞舞，把整个台湾岛装饰得更加美丽。

黄蝶幽谷里的蝴蝶，不消说以黄色为主。据统计，黄蝶幽谷一年能孵化出 200 万只黄蝴蝶。它们一起飞上天空，布满了狭窄的山谷，就会使人产生“飞花”的错觉。

昆虫学家报告说，这里不仅有黄蝴蝶，还有大红纹凤蝶、红边小灰蝶、宽尾凤蝶等许多珍品。凤蝶雍容华丽，是最美丽的蝴蝶，飞舞在这些黄色蝴蝶中间，更加惹人喜爱。

小野柳奇观

瞧呀，一只只青蛙，瞪着圆圆的眼睛，排得整整齐齐，蹲在石头上，一声不响望着波浪滔天的太平洋。

为什么爱吵闹的青蛙一声不响，从来也不张开大嘴巴呱呱乱叫，是不是哑巴？

不是的，这是石头青蛙呀！石头青蛙会叫，岂不变成妖怪了？

啊，这是不是变成化石的青蛙？化石青蛙非常珍贵，从来也没有听说过呢。

啊，这是不是人工雕琢的青蛙？它们准是一位无名的艺术家，在这里精心雕刻的。

不，这不是化石青蛙，也不是雕刻的青蛙，是天然生长的青蛙呀！

瞧呀，一条巨大的蟒蛇藏在海边的礁石里，身子弯弯曲曲，张开血盆大口，瞧着真可怕。它似乎正躲藏在这里，等待着送上门的猎物。胆小的人瞧见它，准会吓得转身就跑，顾不上跑掉了鞋，摔了几个跟斗。

为什么海边钻出一条大蟒蛇，是不是一条爬上岸的海蟒？是不是奇怪的蟒蛇化石？

知识点

1. 台东附近的小野柳和台湾东北部的野柳海岸有些相像，都有丰富的海蚀微地貌形态。

2. 这些微地貌是波浪侵蚀形成的，海水就是天然的雕塑师。

都不是的，这是天然的岩石形态。

瞧呀，这里有一方方豆腐，都带棱带角，大小不等，紧紧挤在一起。

平常的豆腐是很软的，这些豆腐却不怕惊涛骇浪冲刷，也不怕狂风暴雨，是不是经过了特殊的处理？是不是压根就不是真正的豆腐，而是匠心独运的豆腐浮雕？

瞧呀，这里有一个个古里古怪的蘑菇，高高耸立在海岸边，是不是古代遗留的特大号蘑菇王？

瞧呀，这里还有许多大马蜂窝。有的白，有的黑，圆圆的孔洞很大很大。多亏马蜂不在家，要不准会蜇死人。

台湾新北市，野柳地质公园一景。（董文革/FOTOE）

都不是的，这是天然的豆腐石、蘑菇石、蜂窝石呀！

瞧呀，这里还有许许多多说不出名字的岩石形态，只有浪漫的诗人才能想象出它们是什么东西。

请问，这是什么地方？为什么有这样多的古怪岩石？

这里是台东附近有名的小野柳，和台湾东北角的野柳岩石完全相同，生成的千奇百怪的形态也都是怪里怪气的。

小野柳在台东富岗码头的东北边，顺着海岸边排开了许多奇形怪状的岩石，活像各种各样的雕刻，和台湾东北部野柳海岸有些相像，岩石性质也一模一样，都是中生代坚硬的砂岩，简直像野柳海岸的翻版，所以叫做小野柳。

远远一看，这里的岩石一层层排列得整整齐齐，外表平平常常，一点也不稀奇。走到跟前仔细一看，便不禁惊奇得瞪大了眼睛。各种各样奇异的形态，看着像什么，仿佛就是什么，实在太神奇了。

人们不禁会问，这是怎么一回事？地质学家说，这是海蚀微地貌呀！厚薄不一的砂岩和页岩交互堆积，各有软硬不同的岩性，是长年累月在浪涛侵蚀下逐渐形成的。

台湾岛的黑鼻子

人人都有一个鼻子。台湾岛也有自己的鼻子。

这个特大号鼻子在台湾的南边，伸得长长的，十分惹人注意。

这是恒春半岛。

有趣的是，这个大鼻子尖上，还翘着两个小小的尖鼻子。一个叫鹅銮鼻，一个叫猫鼻头。世界上有鼻子的动物很多，谁的大鼻子上面还有两个小鼻子？只是冲着这一点，就够奇特了。

远望鹅銮鼻和猫鼻头，只见这两个黑鼻子平平地伸展在蓝色的大海上。周围卷起永不停息的白浪花，它们被衬托得特别显眼。仔细数一下，从上到下有四级平台。外表很平很平，颜色很黑很黑，是它们共同的特点。

瞧着这两个小小的半岛，人们不禁有些纳闷。

为什么它们是黑色的，是不是古代火山喷发的玄武岩？它们是不是火山活动的证据？

为什么地势那样平坦，是不是水平的岩层？是不是一次次火山喷发，铺开了平坦的地形？

人们怀着好奇心登上这两个半岛一看，不禁惊奇得不敢相信自己的眼睛。只见遍地铺盖的不是致密的玄武岩，而是含着许多气孔的珊瑚礁块。

地名资料库

鹅銮鼻，这个名字怪怪的，不知道是什么意思。

初来这里的人不明白其中的奥妙，会胡乱猜测，是不是和鹅有关系？

错啦！原来这是当地排湾族的土话。“鹅銮”，就是“船帆”的意思。它旁边的海湾里，高高耸起一块巨大的礁石，活像迎风升起的船帆，便被人们称为“船帆石”。鹅銮鼻这个名字的来历，就和它有关系。

台湾岛最南端的恒春半岛——垦丁国家公园猫鼻头。（靖艾屏 /FOTOE）

哎呀，原来这是从海水里露出的珊瑚礁平台，和想象中的火山没有半点关系。

整个恒春半岛的地面由四层平坦的古代珊瑚礁平台组成，刨开厚厚的红土，就能够看见藏在下面的珊瑚石。半岛周围都围绕着珊瑚礁海岸，起伏不平的乌黑色礁滩上，有许多古里古怪的微地貌形态。请听这里的一些景点名字吧。船帆石，青蛙石、一线天……听着这些名字，就可以想象出它们是什么样子了。

这里开辟了垦丁公园，就是一个以珊瑚礁为特点的专题公园。鹅銮鼻和猫鼻头，就是两个珊瑚礁岬角。

为什么这里的珊瑚礁特别多？因为这里位于北回归线以南很远的地

方，周围是一片温暖的海洋，非常适合珊瑚生长。

为什么这里有四层珊瑚礁平台？因为这里从人类出现的第四纪以来，地壳曾经四次抬升，一次次把海边的珊瑚礁平台抬升起来。这四个珊瑚礁平台的高度分别是300米、100米—160米、50米—70米、10米—20米，还有一个大约2100年前生成的近代珊瑚礁低平台。

考古学家从30米高的地方，发掘出5000年前的陶片，据此推算出这里的珊瑚礁每年大约上升6毫米。

鹅銮鼻面对中国台湾和菲律宾之间的巴士海峡，是进入东边的太平洋和西边的南海的必经之路，也是台风经常出没的地方。

这里经常波涛掀天，很少有平静的时刻。交通位置非常重要，海上航行非常危险。清朝光绪元年（公元1875年），人们开始在这里修建灯塔，用了八年时间才完成。这座灯塔有18米高，每隔10秒钟就闪一次，在20海里外的远海上也能望见它的灯光，是远东最大的灯塔，号称“东亚之光”。

知识点

1. 恒春半岛是台湾最南边的大半岛。从恒春半岛伸出两个小小的半岛，叫做鹅銮鼻和猫鼻头。

2. 鹅銮鼻和猫鼻头是黑色珊瑚礁平台。

3. 鹅銮鼻和猫鼻头有四级珊瑚礁平台，代表四次地壳抬升。

4. 从珊瑚礁平台上发掘出的古代文物推算，这里的珊瑚礁每年大约上升6毫米。

南湾随想

天，蓝蓝的。海，蓝蓝的。

远远近近，上上下下，一片赏心悦目的亮蓝色。

左边是远远的鹅銮鼻，右边是同样远的猫鼻头，前方就是无边无垠的大海。这就是巴士海峡和远得没法看见的菲律宾呀。鹅銮鼻和猫鼻头两个乌黑的岬角，环抱着这个宽阔的海湾，似乎想用这样的方式告诉人们，这里是台湾岛最远最远的南方第一湾。人到了这儿，仿佛就有踏上海南岛天涯海角的特殊感觉。

是啊，地尽头，海之角。放眼一看，只有海，只有天，再也没有别的陆地影子了，岂不是另一个天涯海角吗？

我躺在又松又软的沙子上，整个身子完全陷进了沙子里，仿佛和细软的沙滩完全融合在一起，动也不想动一下。我微微眯着眼睛，静静倾听身边的波浪声响。

哗啦，哗啦……

声音很轻很轻、很柔和很柔和，仿佛不想打扰我的思绪，任随我自由自在浪漫幻想。

说起来很奇怪呢。听着波涛的轻声絮语，就再也听不见别的声音，包括身边游客的欢声笑语。满耳都是充满诱惑力的波浪声，盖过别的任何声响。

要知道，这里是大名鼎鼎的南湾。这里可是南台湾最美丽的海湾、最热闹的海滨浴场，整年整月都挤满了追逐海水和阳光的游客，哪会没有一丁点声音？

哗啦，哗啦……

台湾岛最南端的恒春半岛的垦丁国家公园小湾海滨浴场。（影哥 /CFP）

一排排起伏不定的波浪，一下又一下冲卷上沙滩，漫过我半个身子，把我浇得湿淋淋的，仿佛想用这样的方式向我表示亲昵。

哗啦，哗啦……

一阵阵波涛的轻声絮语，仿佛想向我传递什么神秘的消息。

那是藏在浪花里的精灵给我讲的故事吧？那是穿过赤道，来自南洋的遥远问候吧？难怪声音这样模糊，语调这样难懂。

哗啦，哗啦……

南湾的波浪，你到底有什么心意想向我传达？我实在没法听懂你的话。语言不是最重要的，我的心已经被阳光、海水、沙滩融化了，被这个魔法海湾完全俘虏了，动也不想动一下。

南湾位于南台湾恒春半岛的最南端。南湾海滩上布满了白沙子，在热带阳光照射下，远远望去好像金沙闪闪，所以从前又叫金沙湾。

因为这里面对开阔的热带大海，一排排涌进海湾的海水特别蓝，所以还有一个名字，干脆就叫做蓝湾。不管南湾、金沙湾还是蓝湾，都说明了它的特点。

南湾是全台湾最好的海边浴场。由于这里一年四季都非常温暖，几乎时时刻刻都挤满了游客，沙滩上一张张五颜六色的太阳伞，把它装点得更加好看。

这里的沙滩斜斜的，面积非常宽阔，可以容纳许多人。

由于两边鹅銮鼻和猫鼻头两个岬角的遮掩，挡住了外海的汹涌波涛，冲卷进来的波浪不高不低非常适中，游泳的、散步的、拾贝壳的、晒日光浴的、打沙滩排球的、驾水上摩托车和帆船的、跟着摩托艇滑水的，在这里都玩得非常开心。每逢台风过后，波浪比较高的时候，还能见到许多勇敢的水上运动好手，踩着冲浪板尽情冲波逐浪玩耍。这里是全台湾最好的戏水天堂。

不消说，这里也是研究热带珊瑚和热带海洋生物的好地方。不管海洋科学家还是潜水爱好者，都能在这里得到最大的满足。

知识点

1. 南湾是台湾岛最南边的海湾。
2. 南湾藏在鹅銮鼻和猫鼻头两个岬角的怀抱里。
3. 南湾是有名的戏水天堂。
4. 南湾是研究热带珊瑚的好地方。

台湾的“沙漠”

信不信由你，台湾也有一片小小的沙漠。

这是真的吗？当然是真的，这是我的亲身遭遇。

我到台湾最南边的垦丁半岛考察，一个旅伴神秘兮兮地说：“蒙住你的眼睛，我带你到沙漠里去。”

听他这样说，我简直不相信自己的耳朵了。谁都知道热带太阳照耀下的宝岛台湾，非常温暖潮湿，到处都是绿油油的，八竿子也和干燥的沙漠打不着，哪会有什么沙漠？

“嘻嘻，你骗人。”我用怀疑的目光望着他。

那个旅伴一本正经地说：“我骗你干什么？请你相信我，绝对是真的。”

说着，他掏出几张照片给我看。照片上真的是一片黄沙，起伏不平的沙面上布满风吹的波纹，和真正的沙漠一模一样。

我问他：“这是新疆和内蒙古的照片吧？”

他起誓说：“这绝对是台湾的‘土产’。不信，你就自己去看。”

咦，这可奇怪了，难道台湾真有沙漠不成？

我问他：“如果真有沙漠，咱们就去看呗。为什么非要蒙眼睛？”

那个旅伴扮了一个鬼脸，说：“这才显得神秘呀！”

我瞧他说得认真，心里充满了好奇。为了看稀罕的台湾沙漠，我只好任随他摆布，用一张大手绢蒙住眼睛，就什么也看不见了。他开着车不一会儿就到了。他笑嘻

知识点

1. 台湾南部的垦丁半岛海边，有一个“袖珍沙漠”奇观，叫做风吹沙。

2. 风吹沙是夏天的雨水冲来的沙子，被冬天的大风又吹回陆地形成的。

嘻地牵着我的手走下车，左边转几圈，右边转几圈，转得我分不清东西南北了，只觉得脚板底下又松又软，不是坚实的土地。

我问他："沙漠还远吗？"

他说："到啦，沙漠就在你的脚板底下。"

台湾屏东县垦丁风吹沙风光。（黄豁 /FOTOE）

我连忙揭开蒙在眼睛上的手绢，低头一看，不由得一下子傻眼了。只见脚下真是一片黄沙，和照片里完全一样，真的像走进了沙漠。为了证实这不是一个梦，我蹲下来抓了一把沙子细细琢磨，正想着，忽然耳畔传来一阵阵哗啦哗啦的波浪声响，把我从沉思中拉过来。我抬头一看，又一下子傻眼了。

哎呀！想不到面前是一片大海，自己正置身于海边呢。这个小小的"袖珍沙漠"就坐落在大海旁边。如果在这里拍一部沙漠电影，准会蒙住许多人。

我有些糊涂了。大海和沙漠怎么会紧紧挨在一起？这到底是什么地方？

那个旅伴这才告诉我："这是有名的风吹沙，就是台湾的沙漠呀！"

垦丁半岛海边真有一片小小的"袖珍沙漠"，叫做风吹沙。这里紧紧挨着大海，距离鹅銮鼻大约 5000 米，开车一眨眼就到了。为什么说它是袖珍沙漠？因为它的面积不大，只有 500 米长，200 米宽，是一个巴掌大的"沙漠"。

风吹沙"沙漠"是怎么形成的？说起来非常简单。夏天雨季来临的时候，雨水把沙子从陆地上冲下来，形成一条特殊的"沙河"。冬季强劲的东北季风又把沙子吹回陆地，造就了"沙瀑"，形成了这个罕见的奇观。

船帆石掠影

天色微微亮了，清晨的风掠过大海，大海似乎还在睡梦里呢。

听呀，波浪一下又一下，轻轻地拍打着礁岸，仿佛就是它的呼吸。

晨光熹微的海上，露出一个黑色的影子，高高耸立在天和海中间，远远看去非常显眼。

啊，那是什么？好像一个扯满风帆的帆船的影子。时间还这么早，是谁急着要出海，扯起了一面宽大的风帆？

我问它，它沉默着不回答。

我问大海，大海也同样沉默不语。

哗啦，哗啦……

只有清晨波浪的声音，低声吐出模糊不清的话。

天色已经大亮了，太阳的金马车缓缓升上天穹之顶，散发出万道金光，照亮了广阔的天空和同样广阔的大海。大海已经完全醒了，掀起一排排翻滚的波浪，飞溅出漫天的白浪花。白昼再也不是梦，做梦的只有天边的白云。它在热带阳光映照下，正懒洋洋地睡午觉呢。

我看晨间那个位置，那个帆影依然还在原来的地方，动也没有动一下。

我问它，它沉默着不回答。

我问大海，大海也同样沉默不语。

哗啦，哗啦……

翻滚不休的波浪，依旧重复着那几句模糊不清的话。

天色渐渐黯淡了，夕阳无限贪恋似的慢慢降下远远的海平线。黄昏的霞光笼罩着大海，仿佛想用最后的光芒照亮眼前的大海，温情脉脉的眼波充满了对世界的眷爱。

台湾屏东县恒春半岛，垦丁国家公园内的船帆石。（董文革 /FOTOE）

晚霞里，那个神秘的帆影依然还在老地方，任随波浪冲卷，没有移动一丁点位置。

咦，这是怎么一回事？莫非它下了锚不能航行？莫非这是一个远古的帆船化石？莫非船上的水手舍不得离家？

我问它，它沉默着不回答。

我问大海，大海也同样沉默不语。

哗啦，哗啦……

船帆石位于南湾和鹅銮鼻岬角之间，大约有 50 米高，周围 40 米长，高高耸立在海上，非常引人注目。它因活像一艘升帆待发的帆船而得名。

这是垦丁半岛无数珊瑚礁岩中的一个。

在生意盎然的热带大海上，这块礁岩不是冷冰冰的。它也生机蓬勃，富有生命呢。

别瞧它距离喧闹的南湾这么近，似乎伸手就能摸着，却是另一个完全不同的野生世界。礁岩上长满了野草、野花和灌木，是鸟群栖息营巢的好地方。

南湾附近的珊瑚礁还有很多，营造出一个个奇异的天然形象。有的像出海的海龟，有的像蘑菇和灵芝，更多的像天然石头蜂窝。凭着自己的想象，可以幻想出各种各样的生动形象。

“南湾风帆”是这里有名的一景。它装点了天地，天地也作为背景装饰了它。

嬉笑的人群看它这幅风景，沉默的船帆石和礁岩上自由自在的鸟群也看南湾沙滩上人群的风景。我们和周围无言的天地，岂不就是这样的关系吗？

知识点

1. 南湾附近有许多珊瑚礁石。

2. 一个个外形奇特的珊瑚礁石，活像各种不同的事物。船帆石就是其中的一个。

3. 船帆石是野生鸟群栖息的好地方。

外婆的澎湖湾

啊，澎湖。提起澎湖，就不由得想起一首老歌。

“澎湖湾，澎湖湾，外婆的澎湖湾。有我许多的童年幻想，阳光、沙滩、海浪、仙人掌，还有一位老船长……”

熟悉的歌声把我们的思绪带进台湾海峡，带到了熟悉而又生疏的澎湖列岛。

澎湖列岛是什么样子？

从海上远远望澎湖列岛，好像一个个浮在水面的黑色平台。

为什么是黑的？

因为都是火山喷发的黑色玄武岩岛屿呀。黑色，是澎湖列岛的基本色调。

为什么是平的？

这是当年岩浆溢流出来的时候，朝四周平平铺开形成的。

澎湖列岛真的都是黑乎乎一片吗？

噢，不，黑色仅仅是玄武岩本身的外观。它的风化土壤是红棕色的黏土。请你闭着眼睛想象一下，一片黑里透红的原野是什么样子？那才是澎湖列岛的真实模样。

澎湖列岛真的很平很平吗？

地名资料库

澎湖又叫澎瀛、澎海、西瀛。为什么叫澎湖这个名字？有一本名叫《读史方舆记》的古代地理书说，因为这里“波平浪息，无溯奔激射状，其状如湖。因名澎湖，可泊舟”。

啊，根据这个描述，原来是一个环状珊瑚礁呀！外面波浪滔天，里面风平浪静，好像一个海上湖泊。

台湾澎湖，七美屿的游人与海边的巨大石狮。马志信 /CTPphoto/FOTOE）

倒也不是，平坦仅仅是它的外观。当年玄武岩流冷凝的时候，本身就不是桌子一样平，总有些坑坑包包的小小起伏，经过后来风化剥蚀，就更加不平坦了。平而不平，才是它的真实面貌。

踏上澎湖的土地，一派异样的风光，夹杂着异样的风情扑面而来，一下子就吸引住来访的客人。

那是什么？

那是别处罕见的田园风光。大大小小的村庄周围，甚至一个个院落的院墙边，都砌着一堵堵高高低低的黑色石墙。

初来乍到的人们有些纳闷，那是什么石头？是不是这里无处没有的玄武岩？

不是的，这是和玄武岩同样乌黑的珊瑚礁块。

为什么这里喜欢用珊瑚礁块砌墙，不用泥土，也不用竹子？因为这里风大呀！澎湖的风是有名的。澎湖每年冬天一个月里有20多天刮大风，几乎天天都在风的羽翼下，一年也有一半的日子刮风，真的可以算是“风之岛”。澎湖原野地势低平，微微凹凸的地面上几乎没有一丁点遮拦。强劲的海风横扫岛面，弱不禁风的竹篱笆怎么能够抵抗住?

为什么不修土墙呢?

这也和气候特点有关系呀！

澎湖不仅风多，雨也不少。虽然在刮风的季节里，干旱期拖得很长，可是全年的雨水几乎都集中在夏天。盛夏的暴雨稀里哗啦浇下来，一般的土墙经不住雨水冲刷，很容易土崩瓦解，只有岛上现成的珊瑚礁块最好。珊瑚石含有丰富的碳酸钙，遇着水分就会溶解，不仅不怕风吹雨打，反而能够更加紧密胶结在一起，好像混凝土一样牢固。

啊，澎湖的民居建筑也和自然环境有关联，透露了特殊的地质和气候特点。

澎湖列岛位于台湾海峡中间的一片浅海里，有大大小小64个岛屿。从几百万年前的第三纪末期以来，随着地壳活动，澎湖列岛时而沉没，时而出露。20多万年前的第四纪中更新世期间，澎湖海底火山喷发，喷出大量玄武岩熔岩流，成为一个个小岛，后来又生成了许多珊瑚礁，奠定了它的基本面貌。

澎湖列岛的风非常有名。根据统计，全年平均风速超过6级的大风日多达144天。一般的刮风天就更多了。它的纬度很低，夏天是雨季。风加上雨，形成了特殊的冬暖夏凉的气候。只要你不怕风，这里倒是一个海上避暑的好地方。

知识点

1. 澎湖列岛是火山活动生成的群岛，到处都是玄武岩。
2. 黑色玄武岩风化后，生成棕红色的黏土。
3. 澎湖的珊瑚礁也很多。
4. 澎湖的降雨集中在夏季。

海上恶魔台风

台风，可怕的海上恶魔。听见它的名字，人们就不禁不寒而栗。古往今来，海上的台风不知掀翻了多少大大小小的船舶，吞噬了多少无辜的生命。当它登陆的时候，人们如临大敌，严阵以待。即使是这样，也免不了房屋被摧毁，树木被连根拔起，生命被夺走，遭受极大的损失。我国东南部沿海是台风活动的区域，每年夏天和秋天，一次次台风袭击，使人们伤透了脑筋。

现代台风灾害不用多说了，我们来看两场古代台风灾害事件吧。

南北朝时期，著名高僧法显到佛国印度取经，返回时从狮子国（今天的斯里兰卡）搭乘一只海船，穿过马六甲海峡进入南海，直朝中国航行。想不到迎面遇到一场猛烈的大风，整整吹刮了 13 天。海上的波浪像小山一样掀起，这艘船像一片树叶似的，任随狂风恶浪抛来抛去，远远漂离了航线，漫无目的地在大海中漂流。船上的粮食吃完了，淡水也喝光了，又遇见了许多从深海里钻出来的巨大海洋怪物。人们吓得要命，纷纷把多余的东西丢下海去，害怕船装得太重了，会被风浪打沉。法显紧紧抱着佛像和佛经，嘴里念着南无阿弥陀佛，求佛爷保佑，宁死也不肯丢开珍贵的经书。

这只失去航向的船受尽了折腾，好不容易才漂流到爪哇岛。大家休息了几天，打算驾船到广州去，谁知半路上又遇到一场猛烈的风暴，在海上漂流了近一个月。船从南海漂到东海，最后漂到黄海，历尽艰险到达山东半岛的崂山，终于回到了阔别多年的祖国。这场台风从南海东部一直刮到黄海，真厉害！

元朝刚刚建立后不久，忽必烈派遣一支远征军，乘 900 艘战舰，从朝鲜半岛出发，跨海东征日本，攻陷对马岛后，在日本九州岛肥前沿海登陆。

后来由于粮食吃完了，箭也用完了，远征军不得不撤退回来。战舰在返航路上遇着台风，受到很大损失。

忽必烈没有占领日本，感到非常生气，至元十八年（公元 1281 年），又调集 20 万大军、4400 艘战舰，分别从朝鲜半岛和江浙沿海出发，在日本九州长崎北边的平壶岛登陆。日本人从来也没有见过这样强大的军队，吓得不知道该怎么办才好。这时候正是 8 月初，海上忽然刮起了猛烈的台风，整整吹刮了四天。海上风浪掀天，加上倾盆暴雨，元军舰队在惊涛骇浪中四处漂散。有的被风浪击沉，有的互相碰撞，几千艘战舰几乎全部沉没，元军遭受到毁灭性打击。这场突如其来的台风，奇迹般地挽救了日本。日本人感谢它，把它称为“神风”。

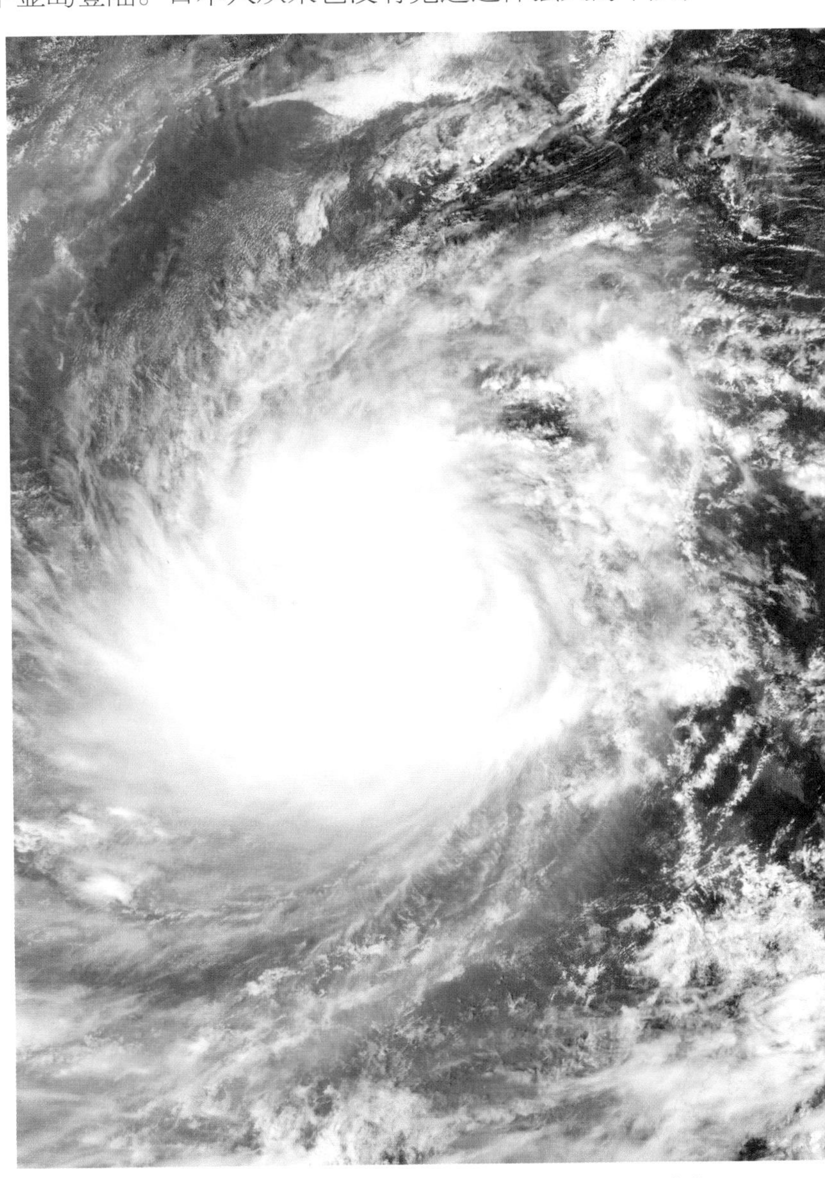
2013 年 10 月 12 日，NASA 水文气象卫星拍摄到台风“百合”气旋在中国南海上空。（CFP 供稿）

台风是什么？它一般发生在夏秋之间。最早出现在初夏 5 月初，最晚出现在深秋11月。这是形成在北太平洋西部的一种强大的热带气旋，老是伴随着狂风暴雨，给海上和陆地上的人们带来灾害。按照国际标准规定，在热带气旋中心附近，最大平均风力小于8级的叫做热带低压，8级—9级的叫做热带风暴，10级—11级的是强热带风暴，12级以上的就是台风了。台风和12级的狂暴风浪联系在一起，常常伴有连续不断的暴雨、凶猛的海潮和海啸，可以掀翻海上船只，摧毁陆地上的树木、房屋及其他障碍物，造成生命财产损失，是天字第一号的“风魔”，真可怕呀！

台风的影响范围很大，小的直径也有600千米—1000千米，最大可达2000千米，来不及逃跑的海上船只，谁也逃脱不了它的魔掌。

台风是一大团混混沌沌的风暴，里里外外都是一样的吗？不是的。它的构造非常复杂，从里到外分为台风眼、云墙区和螺旋雨带。有趣的是，中间的台风眼天气晴朗，几乎没有一丁点风浪，给人一种平和的假象。可是在小小的台风眼外面，台风就显露出凶神恶煞般的面孔了。

台风为什么叫这个名字？有人说，因为这是从台湾方向吹刮来的。有人说，这是广东话“大风”的谐音。不管怎么说，对我国经常受到台风影响的人们来说，它的确主要是从东南方向的海上吹来的，而且力量特别大。虽然它的破坏力很强，可是人们摸清了它的活动规律，可以准确预报，加上必要的防备措施，也没有那么可怕了。

知识点

1. 台风是发生在北太平洋西部地区的强大热带风暴。
2. 台风一般发生在夏秋季节。
3. 按照风力大小，台风可以分为不同等级。
4. 台风中心有一个相对平静的台风眼。
5. 台风破坏力极大。
6. 台风可以预报。

红艳艳的兰屿

看呀，海边有一尊人头像，远远看一眼，叫人好难忘。

你看，它的鼻子、眼睛、嘴巴、耳朵，都看得清清楚楚，不知道是谁的雕像。它被一抹夕阳笼罩着，映照得红通通的，显得更加神奇。

请问，这是什么地方？这个神秘的人头像是怎么一回事？

这里是台湾东南边的兰屿呀。因为这里有这个神秘的红色人头像，所以又叫做红头屿。

那个红色的人头像，真是夕阳染红的吗？

噢，不，请你换一个时间来看，它依旧是红的。原来这是一座火山岛。岛上的安山岩含有大量硫化铁，风化后就变成了赤红色，岩石本身就是红的呀！只不过清晨和黄昏的霞光，将它涂抹得更加鲜艳罢了。

红头屿是雅美族的故乡。雅美族划着两头尖尖的小船在海上游荡，是海岛的主人，也是大海的主人。瞧着海边这个古怪的人头像，人们不禁会想，这是不是雅美族酋长的雕像？

不是的，这是天然的形象，只不过模样活灵活现的，好像一个人头而已。这个小小的岛上还有许多同样的自然形态，活像一个天然雕像博物馆。

你看吧，这里有一个坦克岩。岩石上长满绿色植物，活像一辆蒙着伪装的坦克。距离岸边不远的地方，还有一个军舰岩，活像两艘停泊在海上的

知识点

1. 兰屿和小兰屿是西太平洋上的火山岛。

2. 兰屿周围环绕着珊瑚礁。

3. 兰屿有许多稀奇古怪的礁石。

4. 兰屿是珍贵的蝴蝶兰的故乡，也是飞鱼出没的地方。

台湾台东县，兰屿的雅美族拼板舟。（朱洁 /CTPphoto/FOTOE）

军舰。据说在第二次世界大战期间，美国飞机误以为它是停泊在这里的日本军舰，便从空中猛烈轰炸，把它炸得千疮百孔，留下一段有趣的故事。

你看吧，这里还有鳄鱼岩、母鸡岩、青蛙岩、双狮岩、象鼻岩、玉女岩、钢盔岩……看着像什么，就越看越像什么。

啊，这个小岛真好玩。翻开地图看，却没有红头屿的名字，说什么也找不到它的位置。

别急呀，红头屿是从前的名字。因为这个小岛上长满了稀罕的蝴蝶兰，所以早就改名为兰屿啦！

兰屿位于西太平洋上，东经 121°30'36"，北纬 22°0'5"。北距绿岛 72 千米，西北距台东 88 千米，南边和菲律宾的巴丹群岛遥遥相望。它是一个火山岛，面积 45.74 平方千米，比附近的绿岛大好几倍。最高峰红头山高 548 米，从海上远望非常雄伟。它连同附近的小兰屿，组成一个小小的火山群岛。

兰屿四周有一圈珊瑚礁环绕，形成标准的裙礁景观。

你以为这里的珊瑚礁又低又平吗？才不是呢。测量一下，足足有 60 米高，显得非常陡峭。黑色珊瑚礁海岸曲曲折折，生成许多高耸的海蚀崖和幽深的沟槽，还有数不清的海蚀洞和奇形怪状的礁石，好像各种各样的动物和别的东西，有趣极了。

兰屿是蝴蝶兰的故乡，也是有名的飞鱼之乡。

雅美族的“飞鱼季”

春天来了，温暖的黑潮从南方涌来，带来了各种各样的热带鱼群。兰屿雅美族一年一度的“飞鱼季”也来临了。

黑潮带来的鱼群种类很多，雅美族却只抓飞鱼吃。

啊，这是什么原因？是因为飞鱼肉特别好吃，还是因为它们和别的鱼不一样，常常成群结队冲破波浪飞出来，吃了它，自己也能冲涛破浪飞上天？

不管怎么说，雅美族就是喜欢抓飞鱼。飞鱼汛开始的时候，雅美族要举行盛大的招鱼祭。人们都穿着节日盛装，唱歌跳舞举行仪式。白天划着小船在海上追赶飞鱼，晚上点着灯火引诱它们，在飞鱼汛期里只抓飞鱼，不捕捞别的鱼。一下子吃不完，人们就将其做成飞鱼干。到了夏天，飞鱼一天天少了，人们再举行一次仪式，结束了“飞鱼季”，改捉别的鱼。等到中秋月圆以后就再也不吃飞鱼了，家里还没有吃完的也要统统倒进大海。掐指算一算，一年的“飞鱼季”有四个月左右，占了一年的三分之一。飞鱼跟雅美族的关系真密切呀！

雅美族吃鱼非常讲究，把鱼分为老人鱼、男人鱼、女人鱼三类。妇女要下田劳动，还要养育儿女，比男人还辛苦，所以应该吃肉质细腻、味道鲜美的鱼。男

知识点

1. 每年温暖的黑潮从南方涌来，带来许多喜暖的鱼群和飞鱼。

2. 兰屿雅美族主要捕捞飞鱼。

3. 兰屿的主要农作物是芋头和地瓜。

4. 飞鱼不是真正飞，而是用又宽又长的胸鳍滑翔。

5. 飞鱼是被敌人追赶得无路可走才用力飞出水面的。

摄影师镜头记录飞鱼海面滑翔的优美画面。(Barcroftmedia/CFP)

子汉就吃鱼皮粗、腥味重的鱼。老人不干活了，就吃大家剩下来的。这种根据劳动量大小而规定的吃鱼规矩，有趣不有趣？

兰屿岛上的土质不适合栽种水稻，主食只有芋头和地瓜，搭配着鲜美的鱼肉和鱼干，也是一种特殊的地方风味。

飞鱼生活在南方温暖的海洋里。每年春季和夏季，从南方流来的黑潮带来许多喜暖的鱼群，飞鱼也大批进入兰屿海域，所以成为当地雅美族主要捕捞的鱼类。

飞鱼没有翅膀，怎么能够“飞”？其实只不过是两只又长又大的胸鳍罢了。可别小看它的胸鳍，一般都有身体的三分之二长，展开后活像两只翅膀。

为什么飞鱼老是成群结队飞出水面？是不是真的想飞上天？

噢，不。鱼就是鱼，总也不能离开水。它们是被水里的敌人追赶得无路可走，才用力扇着翅膀一样的胸鳍飞起来的。飞鱼常常成群结队活动，受到了惊扰，会像一群小麻雀似的一起飞起来。

飞鱼真的像鸟儿一样，能够自由飞翔吗？

才不是呢。飞鱼不是真正的飞，只不过是用力蹿出水面，非常笨拙地滑翔，远远比不上鸟儿飞翔。

飞鱼到底能够飞多久、多高、多远？

有人计算过，它滑翔的时间只有几十秒钟，最高可以飞 10 米，最远可以飞 300 多米，也很了不起呢。

呼唤钓鱼岛

钓鱼岛，中国的钓鱼岛。

不管你距离大陆母亲多么遥远，总会回到母亲的怀抱。

钓鱼岛，中国的钓鱼岛。

不管你分离多久，母亲总记得你的容貌。

钓鱼岛啊，钓鱼岛，蕴藏着丰富的珍宝。

那是珍贵的石油，来自祖国大陆架千万年的生命之潮。

那是长江冲来的泥沙，钱塘江冲来的树叶和青草，涓涓滴滴积成的无价宝。

那是深深海底的生命之火，可以激起热情熊熊燃烧。

那是母亲的血液，母亲的奶汁，母亲的慈爱，母亲的默默关照。

那是你的胎记，那是你的出生记录。任风吹雨打永远洗刷不掉，可别随意忘记。

钓鱼岛啊，钓鱼岛，经受住猛烈的台风，迎着太平洋的波涛。

你总是傲然屹立，记住自己的血脉出处，为出身中华而骄傲。

你有一个梦，久久等待，久久盼望，梦中也露出浅浅的微笑。

钓鱼岛啊，钓鱼岛，魂牵梦萦的钓鱼岛。

母亲的目光从来也没有离开过你。

母亲的心总是萦系着一个海上浪子。

那就是你呀，至亲至爱的钓鱼岛。

耐心等待吧。母亲总会伸出双手，把自己的孩子紧紧拥进怀抱。

再也不让你离开，再也不让你做海上孤儿。

祖国母亲的钓鱼岛啊，钓鱼岛。

中国钓鱼岛俯瞰。（Getty 供稿）

你可知道？你可知道？

钓鱼岛又叫钓鱼台岛，闽南语把它叫做“好鱼须”，位于北纬 25° 46'，东经 123° 31'，距离台湾基隆大约 186 千米、浙江温州大约 356 千米，行政上应该划归台湾省宜兰县头城镇大溪里管理。

整个列屿由钓鱼岛、黄尾岛、赤尾岛、南小岛、北小岛、大南小岛、大北小岛和飞濑岛等小岛组成，总面积大约 7 平方千米。其中钓鱼岛最大，东西长约 3.5 千米，南北宽约 1.5 千米，面积大约 4.3 平方千米。全岛形状好像一个横卧在海上的番薯。地势南高北低，有一条中央山脉横贯东西；最高峰海拔 383 米，另外还有 320 米、258 米、242 米高的几座山峰，从海上远远望去，地势非常雄伟。

这里位于从中国大陆延伸的海底大陆架上，和北边的琉球群岛隔着俗称黑水沟的琉球海槽。这个海槽又宽又深，成为天然界线，两边没有地质结构的关联。

无论按照最早发现和居留，以及行政隶属的历史原则，还是大陆架自然延伸的归属原则，钓鱼岛毫无疑问都是中国的神圣领土。

钓鱼岛列屿是一道耸立在大陆架东部边缘的山岭，一个个山峰露出水面成为一座座岛屿，好像祖国东部海疆的一列海上长城。一边是中国东海大陆架，一边是太平洋深渊，另一边是同样深的琉球海槽，界线非常明显。

由于钓鱼列屿的屏障，在它的西侧大陆架上，形成了新第三纪沉积盆地。海流将从中国大陆冲带来的大量有机物质沉积在盆地里，经过千万年的积累，形成巨厚的含油层，蕴藏着丰富的石油资源。

知识点

1. 自古以来钓鱼岛列屿就属于中国。
2. 钓鱼岛列屿位于从中国东海岸延伸的大陆架上。
3. 钓鱼岛列屿包括多座岛屿，以钓鱼岛最大。
4. 钓鱼岛列屿西侧有一个巨大的盆地，蕴藏着丰富的石油资源。

鄂新登字 04 号

图书在版编目（C I P）数据

中国大自然. 大华东 / 刘兴诗著. —武汉：长江少年儿童出版社，2015.1
（刘兴诗爷爷讲述）
ISBN 978－7－5560－1496－5

Ⅰ.①中…　Ⅱ.①刘…　Ⅲ.①自然地理—华东地区—少儿读物
Ⅳ.①P942－49

中国版本图书馆 CIP 数据核字（2014）第 225864 号

中国大自然·大华东

出 品 人：李　兵
出版发行：长江少年儿童出版社
业务电话：（027）87679174　（027）87679195
网　　址：http://www.cjcpg.com
电子邮件：hbcp@vip.sina.com
承 印 厂：湖北新华印务有限公司
经　　销：新华书店湖北发行所
印　　张：12.25
印　　次：2015 年 1 月第 1 版，2020 年 7 月第 3 次印刷
规　　格：720 毫米 × 1000 毫米
开　　本：16 开
书　　号：ISBN 978－7－5560－1496－5
定　　价：29.80 元